黄河國家治理文獻集成（清代卷）第四十册

《黄河國家治理文獻集成》編委會　編

總第五十六册

清代漢文朱批奏摺黄河治理資料輯録

（五）

張曉東　輯

內蒙古出版集團
內蒙古人民出版社

圖書在版編目（CIP）數據

清代漢文朱批奏摺黃河治理資料輯録．五 / 張曉東輯．-- 呼和浩特 ：内蒙古人民出版社，2025．8．

（黄河國家治理文獻集成）．-- ISBN 978-7-204-16662-6

Ⅰ．TV882.1

中國國家版本館 CIP 數據核字第 2025T09R95 號

清代漢文朱批奏摺黃河治理資料輯録（五）

輯　　録　張曉東
策劃編輯　王　瑶
責任編輯　王　瑶
裝幀設計　劉那日蘇　吉　雅　安立新
責任監印　包鐵柱
出版發行　内蒙古出版集團　内蒙古人民出版社
地　　址　呼和浩特市新城區中山東路 8 號波士名人國際 B 座 5 層
網　　址　http：//www.impph.cn
印　　刷　内蒙古愛信達教育印務有限責任公司
開　　本　880mm × 1230mm　1/16
印　　張　24.5
字　　數　300 千
版　　次　2025 年 8 月第 1 版
印　　次　2025 年 8 月第 1 次印刷
印　　數　1—1000 册
書　　號　ISBN 978-7-204-16662-6
定　　價　206.00 元

如出現印裝質量問題，請與我社聯繫。聯繫電話：（0471）3946120

編纂委員會

主　任　陳利保

副主任　周承英　吴義學　王　瑶

成　員　賈大明　何可欣　董立群　羅　婧　王曉俊　董麗娟
　　　　白　玲　特日格勒　徐　飛　李月琪　王麗燕　李　琳

主　編　董　杰

副主編　張曉東　曹　玲

委　員　（按姓氏筆畫排序）

王　丹　王智慧　王鑫義　白胡日查　朱紫陽　李　萌
李新蕊　姚亞菲　陳　思　曹佳興　梁芹洋　張文文
張　岩　張博原　張　祺　張曉英　喬恩懋　賀　莎
楊　怡　楊建國　楊　承　霍燕平　魏雪剛

引　言

千古河流成沃野，幾年沙勢自風湍。

得益于黃河冲積所帶來的疏松土質和有機物，中華先民利用石製工具開始了農業生産，并逐步發展出旱地粟作農業，『能够最大程度保障食物供給的穩定性，奠定了中華文明起源和形成的堅實基礎』〔一〕。而利用河水灌溉，提高區域可預測農業産量，『在産業史上起着最有决定性的作用』〔二〕。隨後，技術進步、經濟發展、人口增加，讓先民的文化生活大爲豐富。嚴文明先生評價道：『這是一場影響深遠的革命。』〔三〕在這場革命中，平衡水、沙、産、人四者之間的關係，始終是黃河治理的核心問題。四者關係一旦失衡，就容易引發諸多灾患。

歷史上，黃河下游因人口稠密、經濟發達，一直是學術界關注的重點。但自河源至今内蒙古托克托縣河口鎮的黃河上、中游區域，雖遠離王畿，人口稀疏，却也一直備受關注，人們逐步認識到黃河全流域治理是國家的重要任務。《漢書》載：『堤防之作，近起戰國，雍防百川，各以自利。』〔四〕没有全流域的協同治理，僅靠各地分段築堤，則黃河河患無法解决。秦建立了中國歷史上第一個中央集權大一統王朝，秦始皇東巡碣石，刻石銘記『决通川防，夷去險阻』〔五〕，開啓中央政府調動各要素治黄之先河，這『在中國，實質上是國家的一種職能』〔六〕。同時，國家通過對黄河的有效治理，爲沿黄流域人民群衆乃至其他地區人民群衆提供了重要的公共物品和産業支撑，成爲人民群衆眼中中央政府的功過評價指標之一。因此，治黄在增强沿黄各族群國家、政治、文化認同的基礎上，强化了中國大一統國家的合法性，成爲歷代國家治理能力的一個重要測度。

一、黄河治理維護了國家的社會穩定

從秦并六國到漢朝建立大一統國家，中國統一的多民族國家形成并得到初步發展。當時中央政府對所轄疆域有『北邊郡』和『内郡』之稱。内蒙古額濟納旗出土的居延漢簡有載，『豤（墾）田以鐵器爲本北邊郡毋鐵官印器内郡令郡以時博賣予細民毋令豪富吏民得多取販賣細民』，可以看出北邊郡是與内郡相對應的行政管轄區域。《史記》卷二十八『封禪書第六』載：『上乃遂去，並（并）海上，北至碣石，巡自遼西，歷北邊至九原。』〔七〕。《史記》卷三十『平準書第八』載：『天子北至朔方，東到太山，巡海上，並（并）北邊以歸。』〔八〕司馬遷多次提及北邊，足見統治者對北邊治理的重視。

漢武帝時，齊人延年提出從今内蒙古引黄河水經今北京一帶，向東注入渤海，以衛北部邊疆。『是時方事匈奴，興功利，言便宜者甚衆。齊人延年上書言：「河出昆侖，經中國，注勃海，是其地勢西北高而東南下也。可案圖書，觀地形，令水工準高下，開大河上領，出之胡中，東注之海。如此，關東長無水災（灾），北邊不憂匈奴，可以省隄（堤）防備塞，士卒轉輸，胡寇侵盜（盗），覆軍殺將，暴骨原野之患。天下常備匈奴而不憂百越者，以其水絶壤斷也。此功壹（一）成，萬世大利。」』[九]《史記》卷二十四『樂書第二』載：『天馬來兮從西極，經萬里兮歸有德。承靈威兮降外國，涉流沙兮四夷服。』[十] 如今，包頭地區出土了『四夷盡服』瓦當，出土文物與傳世文獻的呼應，成爲黄河治理維護祖國北部邊疆穩定的見證。

《史記》卷三十『平準書第八』載：『嚴助、朱買臣等招來東甌，事兩越，江淮之閒（間）蕭然煩費矣。唐蒙、司馬相如開路西南夷，鑿山通道千餘里，以廣巴蜀，巴蜀之民罷焉。彭吳（吴）賈滅朝鮮，置滄海之郡，則燕齊之閒（間）靡然發動。及王恢設謀馬邑，匈奴絶和親，侵擾北邊，兵連而不解，天下苦其勞，而干戈日滋。』[十一] 清代《汾陽縣志》卷十三『藝文』收録曹學閔《開修黄蘆嶺車路紀德政碑記》，上載：『永寧州，界連西陲，北達邊外歸綏諸路，商賈遠貿粟麥，泛皮船隨黄流南下，聚于州西磧口，一府之民仰利賴焉。而東至太原，南抵平陽，州縣凡二十餘，亦視汾爲橐籥，蓋所繫非特一方生計矣。』[十二] 民國時期，東北淪陷後，開發西北刻不容緩，而『黄河中游之水利，自應加以擴充及整理，藉（借）收桑榆之效，以挽狂瀾於（于）萬一』[十三]。

因黄河流域自然條件優越，歷朝歷代都十分重視對此地的開發，通過强有力的國家干預方式推動各類産業的發展，爲中國北部疆域的形成和社會穩定奠定了基礎。

二、民族交往、物資交流、技術轉移促成黄河治理共同體

《史記》卷十五『六國年表第三』載：秦始皇三十三年（前214），『築長城河上，蒙恬將三十萬』〔十四〕。這數十萬人中，擁有一技之長的人員不在少數。由此，邊地人口不斷增多，而豐富的物産則促進了商品交流與統一市場的形成。西漢《鹽鐵論·力耕第二》記録了『异物内流』的情形：『是以羸（騾）驢馲駞（駝），銜尾入塞，驒騱騵馬，盡爲我畜，鼲鼦狐貉，采旃文罽，充於（于）内府，而璧玉珊瑚瑠（琉）璃，咸爲國之寶。』〔十五〕此後，黄河北岸的『羸（騾）驢馲駞（駝）』『驒騱騵馬』『鼲鼦狐貉』『采旃文罽』與西南織錦、中原麻織、農作物等物資相互交流，逐步形成統一的國内大市場，加强了邊疆與其他地區的經濟聯繫，促進了邊疆特色産業的發展。

隨着民族交往交流交融的增强，清代以降，黄河流域内蒙古段輸入到内地的也不僅僅是『异寶』了。《綏遠通志稿·水路》載：『自乾隆以還。口外墾殖日廣。民殷物阜。出境之油、糧、鹽、鹼（碱）、甘草各貨。入境之日用雜貨。山西與歸綏往來之商運。凡經河路者皆以托屬河口爲唯一之碼頭。』〔十六〕從清乾隆年間到民國時期，由内蒙古經黄河運到山西的貨物有糧、油、鹽、碱、藥材、皮毛等，其中以糧油爲最大宗。糧食品種主要有糜黍、穀子、高粱、豆類及玉米、大小麥

等，油料主要是胡麻。内蒙古供貨支綫有從阿拉善盟阿拉善左旗吉蘭泰鹽池到山西吕梁市磧口鎮的運鹽駝路，五原縣、臨河區一帶各大幹渠的運糧水道，杭錦旗、達拉特旗的甘草馱運綫，鄂托克旗的運碱駝路。内蒙古段各條支綫以供貨爲主，山西段若干支綫以運銷爲主。

《臨縣志》載：『清朝乾隆至民國年間，陝、甘、綏、蒙等地的物資，通過此航綫運達磧口，再用牲口馱運到離石、吴城，轉運至東路（汾、平、介、孝等縣）。據民國 20 年（1931）統計，每年從綏遠磴口航至磧口的貨船不下 4000 餘艘』，『是陝、甘、綏、寧與晋西北物資集散之重鎮』。[十七]可見，内蒙古在甘肅、寧夏與陝西、山西等沿黄上下游物資交易中起到了重要的聯結作用；同時也吸引了山西、陝北、河北、山東、甘肅等地的農民遷移至此，并將開渠打壩、引水澆地等農業生産技術、手工技術和商業貿易經營方式帶到這裏。他們在此扎根，除了從事農業生産外，還挖甘草、下窑背炭、在黄河上拉船、在沙漠中拉駱駝、打短工放冬羊、開碾磨油坊，等等。不同地域、不同民族的人們合力修築河渠、引水興業，逐漸形成休戚與共的共同體。其間積累的産品交易、商業管理、社會治理等方面的經驗，在今天依然有借鑒意義。

清代『首重治河，探河源以窮水患』[十八]，但更深層次的考量是『宣揚大一統及增强國家認同』[十九]。黄河流域人口基數大、分布廣，而全流域治理理念將不同地區、不同民族的人們凝聚成命運共同體，而『大一統』理念正是這一治理實踐的核心主題。

三、黃河流域拓展了中國的發展空間

早期統治者因巡幸及邊防建設所需，統籌管理沿黃河運與秦直道等沿黃馬道，維持着中央政府對北邊的有效治理。河套平原引黃渠道的建設爲秦漢王朝屯田事業提供了基本的水利保證，并將這些區域變成防禦北部邊患的大後方與根據地。于是，沿黃馬道、沿黃河運與萬里茶道、草原絲路等陸路運輸聯通起來，促進了中華文明與其他文明的交流互鑒，拓展了新的發展空間。

新中國成立之後，沿黃各族兒女在中國共產黨的領導下團結合作、艱苦奮鬥，實現了大河安瀾。黃河流域建立起行之有效的防洪抗汛機制，支撑着沿岸的產業發展，改善了周邊生態環境。當代治黃史證明，正是由于中國共產黨的正確領導以及集中力量辦大事的制度優勢，纔從根本上減輕了河患的威脅。進入新時代，黃河流域在築牢安瀾根基的同時，以蓬勃活力拓展着中國的發展空間。沿黃九省區在協同發展中不斷釋放潛力，讓黃河流域成爲國家區域協調發展戰略中不可或缺的重要一極，爲中國的發展源源不斷地注入新動能。

綜上所述，黃河流域的治理不是單純的河道治理、生態環境治理或社會治理，而是一種關涉水、沙、產、人四者關係的系統性、協同性治理，是推動國家可持續發展的動力，也是厘清國家治理與邊疆治理兩者動態交互實際效果的絶佳視角。而黃河工程等『中國本土理論資源、學術積纍』〔二十〕，有助于研究國家治理的演進歷程。進入新時代，黄河治理與國家治理的關係研究不斷開闢新視角、持續涌現新成果，其中鑄牢中華民族共同體意識、邊疆治理與黄河流域生態保護和高質量發展成爲非常重要的研究視角。因此，基于這一角度搜集整理黄河國家治理文獻，意義重大。《黄河國家治理文獻集成》，應運而生。

本叢書系統梳理了黄河治理的歷史脉絡與經驗，既爲新時代黄河流域生態保護和高質量發展提供了歷史鏡鑒，更以文獻爲載體，傳承了治理智慧、凝聚了民族力量，是服務國家發展戰略、鑄牢中華民族共同體意識的重要學術實踐。

《黄河國家治理文獻集成》編委會

二〇二五年一月

〔一〕韓建業：《中華文明的起源和形成》，載《中華民族共同體研究》2022年第4期，第80-91+172頁。

〔二〕中共中央馬克思恩格斯列寧斯大林著作編譯局：《馬克思恩格斯選集》第二卷，人民出版社，2014年，第240頁。

〔三〕嚴文明：《黄河流域文明的發祥與發展》，載《華夏考古》1997年第1期，第49-54+113頁。

〔四〕（漢）班固：《漢書》卷二十九『溝洫志第九』，中華書局，1964年，第1692頁。
〔五〕（漢）司馬遷：《史記》卷六『秦始皇本紀第六』，中華書局，1963年，第252頁。
〔六〕冀朝鼎：《中國歷史上的基本經濟區與水利事業的發展》，朱詩鰲譯，中國社會科學出版社，1981年，第7頁。
〔七〕（漢）司馬遷：《史記》卷二十八『封禪書第六』，中華書局，1963年，第1398-1399頁。
〔八〕（漢）司馬遷：《史記》卷三十『平準書第八』，中華書局，1963年，第1441頁。
〔九〕（漢）班固：《漢書》卷二十九『溝洫志第九』，中華書局，1964年，第1686頁。
〔十〕（漢）司馬遷：《史記》卷二十四『樂書第二』，中華書局，1963年，第1178頁。
〔十一〕（漢）司馬遷：《史記》卷三十『平準書第八』，中華書局，1963年，第1420-1421頁。
〔十二〕（清）方家駒修，（清）王文員纂：《汾陽縣志》卷十三『藝文』，清光緒十年刻本，第57-58頁。
〔十三〕王華棠、劉錫彤、吳樹德：《黄河中游調查報告》，華北水利委員會編印，1934年，第1頁。
〔十四〕（漢）司馬遷：《史記》卷十五『六國年表第三』，中華書局，1963年，第758頁。
〔十五〕王利器：《鹽鐵論校注》，中華書局，1992年，第28頁。
〔十六〕綏遠通志館：《綏遠通志稿》第十册，内蒙古人民出版社，2007年，第176頁。
〔十七〕臨縣志編纂委員會：《臨縣志》，海潮出版社，1994年，第273、321頁。
〔十八〕趙爾巽等：《清史稿》卷一二六『河渠一』，中華書局，1977年，第3715頁。
〔十九〕劉惠：《乾隆朝重構黄河河源的實踐與國家認同》，載《清華大學學報》（哲學社會科學版）2018年2期，第147-154+195頁。
〔二十〕許耀桐：《當代中國『治理』概念的演進探析》，載《國家現代化建設研究》2023年3期，第100-111頁。

出版前言

黃河，中華民族的母親河，她不僅孕育了中華文明，更見證了中華民族數千年的發展歷程。習近平總書記深刻指出：『從某種意義上講，中華民族治理黃河的歷史也是一部治國史。』這一重要論述，爲新時代黃河文化的保護傳承以及流域治理提供了根本遵循，也深刻揭示了黃河治理在國家發展和民族復興進程中的核心地位。在學習貫徹習近平新時代中國特色社會主義思想，積極響應國家黃河流域生態保護和高質量發展重大戰略，大力推進北疆文化建設的背景下，《黃河國家治理文獻集成》的編纂出版，具有重要的歷史意義、學術價值與現實指導意義。

黃河治理，自古以來就是國家的頭等大事。從遠古時期大禹治水，到當代運用科學技術進行系統治理，中華民族在數千年的時間裏，積纍了豐富的治河經驗，留下了浩如烟海的文獻遺産。《黃河國家治理文獻集成》收録了元代至民國時期古籍、朱批奏摺、期刊圖片等多模態文獻資源。這些文獻内容豐富、維度多元，既包含記載河工技術、治理方略等的專書，又有漢文朱批奏摺、工程檔案以及不同區域的調查研究報告等。民國時期的文獻則標志着現代水利科學開始融入黃河治理，展現了我國水利事業在時代變革中的創新與發展。近代照片的收録則以更加直觀的方式將黄河治理、黄河沿岸的風貌呈現給讀者。

該文獻的出版，不僅是對瀕危黄河文化遺産的及時搶救與保護，更是對我國水利史、國家治理史、邊疆治理研究學術鏈條的重要補充，具有較高的文獻價值和學術意義。尤爲重要的是，這一集成工作，深度契合鑄牢中華民族共同體意識這一全黨全國各族人民的共同任務。各民族在治理黄河的歷史進程中，緊密協作、共同探索，這些珍貴文獻便是各民族交往交流交融和中華文明認同的生動見證。對這些文獻進行整理出版，能够讓各族人民更加深刻地認識到，在歷史長河中，各民族共同爲黄河治理貢獻了力量，共同守護了家園，從而進一步增强對中華民族共同體的認同感與歸屬感，夯實鑄牢中華民族共同體意識的歷史根基。

《黄河國家治理文獻集成》以『國家治理』爲核心綫索，構建起一個全面、系統、多維的文獻體系：在時間跨度上，聚焦從元代至民國這一傳統治河向現代水利轉型的歷史時期，爲深入研究我國水利事業的發展脉絡提供了清晰的時間坐標；在内容分類上，細緻劃分爲技術專著、工程檔案、區域研究、朱批奏摺、科學報告、圖片等類别，涵蓋黄河治理的各個方面，從不同角度展現了我國在黄河治理上的探索與實踐；在版本選擇上，秉持嚴謹、科學的態度，確保文獻内容的準確性與代表性，爲學術研究奠定堅實基礎。

在編纂過程中，叢書特别注重『全流域治理』的理念，不僅收録了有關下游防洪治河的重要文獻，還涵蓋了中游地區水土保持以及上游地區灌溉開發等方面的珍貴記載。這種對黄河全流域治理的全方位關注，與當前『共同抓好大保護，協同推進大治理』的要求高度契合，充分體現了叢書在傳承歷史文化遺産的同時，緊密服務于當代國家發展戰略的時代價值。

在出版過程中，嚴格保持原書的版式與行款，最大程度地還原文獻原貌。對于部分出現黴變、殘缺的頁面，運用先進的數字化修復技術進行精心處理，在保留原始批注與印章痕迹的基礎上，兼顧了文物的真實性與文獻的可讀性。

此外，爲了更好地服務讀者，方便學術研究，本叢書新增了目録、提要等内容，這些新增部分由編委會精心撰寫。新增目録一般編製二級，個別圖書編製三級；原書有目録而内文無對應標題的，根據原書目録照録；原書目録爲關鍵詞或者其他情況的不編製目録；原書目録與内文不一致的，以原書内文爲準；原書無目録的，按卷端、版心或其他部分輯録；一册書中收録多種圖書的，以書名爲一級標題，編製二或三級。在文字使用上，統一使用現代漢語規範繁體字，對于原版文獻中的异體字、避諱字也使用現代規範繁體字，無對應規範繁體字的保留原字。

《黄河國家治理文獻集成》的出版，是對黄河文化遺産的一次系統性、搶救性保護，具有重大而深遠的現實意義：從學術價值層面來看，叢書成功構建起一座連接傳統與現代治黄文獻的橋梁，爲黄河流域生態保護、水利工程史、國家治理史、邊疆治理、中華民族共同體學等多個領域的學術研究提供了豐富、翔實的基礎文獻，有力推動了相關學科的發展與創新；從文化價值角度而言，生動展現了北疆文化與黄河文化在歷史長河中的交融共生，爲内蒙古『北疆文化』品牌建設提供了堅實的文獻支撑，進一步豐富了中華文化的内涵與外延；從實踐價值方面考量，書中所藴含的治河理念爲我們在新時代背景下實現人與自然和諧共生、推動黄河流域可持續發展提供了寶貴的歷史經驗與智慧啓示。

在此，我們要衷心感謝各藏書機構的大力支持，正是他們提供了珍貴底本資源，纔使得本叢書的編纂出版成爲可能。同時，我們也要向文化遺産智能應用服務中華民族共同體建設『英才興蒙』團隊致以崇高的敬意，他們歷經五年的辛勤耕耘，以嚴謹的治學態度和專業的學術素養，對文獻進行了系統的整理和輯録，爲叢書的内容質量提供了堅實保障。此外，我們還要特别感謝内蒙古自治區黨委宣傳部、内蒙古出版集團將本叢書納入『北疆文庫』重點項目，并在出版過程中給予全方位支持與幫助。

我們衷心期待，這套凝聚着無數心血與智慧的《黄河國家治理文獻集成》，能够在新時代的『黄河大合唱』中奏響歷史的强音，爲黄河流域生態保護和高質量發展注入强大的歷史動力，讓黄河文化在保護中傳承，在傳承中創新，在創新中不斷發展，綻放出更加絢爛的光彩。同時，希望這套叢書能够成爲促進各民族文化交流、鑄牢中華民族共同體意識的重要載體，助力各民族更加緊密地團結在一起，共同爲實現中華民族偉大復興的中國夢而努力奮鬥，讓中華民族共同體意識在黄河文化的滋養下，扎根于每一位中華兒女的心中，成爲推動中華民族不斷前進的强大精神力量。

提要

《清代漢文朱批奏摺黄河治理資料輯録》共10册，收録清代康熙四十四年（1705）至咸豐三年（1853）關于黄河治理的漢文朱批奏摺1000件，以時間爲序編排，每篇奏摺均保留朱批痕迹，真實呈現了清代黄河治理的決策與執行過程。

所收録的奏摺内容包括工程實踐（如堤埽、堤壩與河道工程的修建和維護）、防汛體系（如水情監測、灾情預警與應急響應）、綜合管理（如河道管理、跨區域協調、物料與經費管理、漕運管理）、治河制度與管理機制、灾害影響及灾民撫恤等。

第一册收録康熙四十四年（1705）至雍正七年（1729）的100件奏摺。第二册收録雍正七年（1729）至乾隆二十年(1755)的120件奏摺。第三册收録乾隆二十年(1755)至乾隆三十八年(1773)的130件奏摺。第四册收録乾隆三十九年（1774）至乾隆四十六年（1781）的110件奏摺。第五册收録乾隆四十六年（1781）至乾隆五十二年（1787）的110件奏摺。第六册收録乾隆五十三年（1788）至清嘉慶六年（1801）的100件奏摺。第七册收録嘉慶六年(1801)至嘉慶二十二年(1817)的90件奏摺。第八册收録道光三年（1823）至道光十六年（1836）的60件奏摺。第九册收録道光十六年（1836）至道光二十五年（1845）的80件奏摺。第十册收録道光二十五年（1845）至咸豐三年（1853）的100件奏摺。

目録

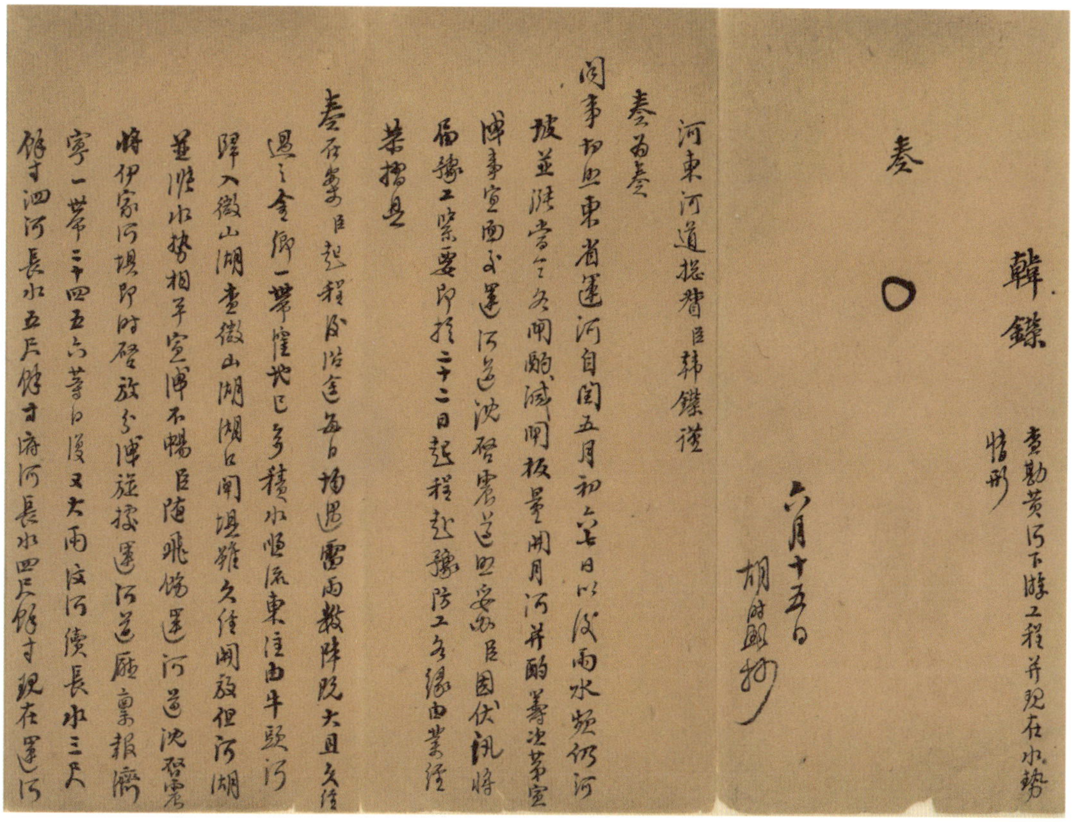

韓鑅

奏 ○ 查勘黄河下游工程并現在水勢情形

六月十五日 胡時顯折

河東河道總督臣韓鑅謹

奏爲奏

聞事竊照東省運河自閏五月初六七日以後雨水頻仍河

坡並漲常亦閘酌減閘板量開月河并酌籌泄第宣

洩事宜函飭運河道沈啓震迅照妥辦臣因伏汛將

届豫工緊要即於二十二日起程赴豫防工各緣由業經

恭摺具

奏在案臣起程後沿途每日均遇雷雨數陣既大且久經

過之金鄉一帶窪地已多積水悉係東注由牛頭河

歸入微山湖查微山湖湖口閘壩雖久經閘放但河湖

並漲水勢相平宣洩不暢臣隨飛飭運河道沈啓震

將伊家河壩即時啓放分洩旋據運河道歷稟報濟

寧一帶二十四五六等日後又大雨該河處長水三尺

餘寸泗河長水五尺餘寸府河長水四尺餘寸現在運河

連底水共深一丈三四尺不等堤工險要遵照向酌定章
程將南旺獨山南陽各湖水口斗門閘壩俱行開放並將
捕河之平水三閘八里廟濠水壩先後開放分行暢洩以
保堤工等語臣查各河坡水匯入河湖極宜暢加宣洩以
免騰湧為患雖據報已開洩水各閘壩水勢甚大不
數分消復又飛飭該道一俟渾流退後再將蜀山馬
踏二湖收汶各斗門酌啟三四空藉資分減仍嚴飭各
廳汛弁小心防守無少懈忽日來天氣晴霽臨長之
水分撥停放自易消減各湖藉以容蓄亦屬有備江
西幫船截至二十三日據報又入東境六幫在後僅有三
幫水大溜急行走較遲不候臨淮渡汛斷閘即令相機堵閘
以平溜勢以速運行臣由單縣上堤渡河先勸下游
各汛據各道廳會報豫省自旬日以來亦係大雨時行大
河積存長水三四尺連底水共深一丈三四尺至一丈六
七尺不等河崖埝間有漫溢工程平穩臣前於二
三月赴豫查估春工之際業經通飭道廳一切修防各
循規矩兵夫駐守堡房務偷懶怠之處免有名無
實大堤裏面蒿草刈除以便巡查洞穴等事現俱
實力奉行並復添調衛河內事簡佐貳官以資分派
兩岸各廳協同廳營汛弁分段巡防以免疏虞並
并咨會撫臣照例派撥沿堤民夫協同防守以期巡查

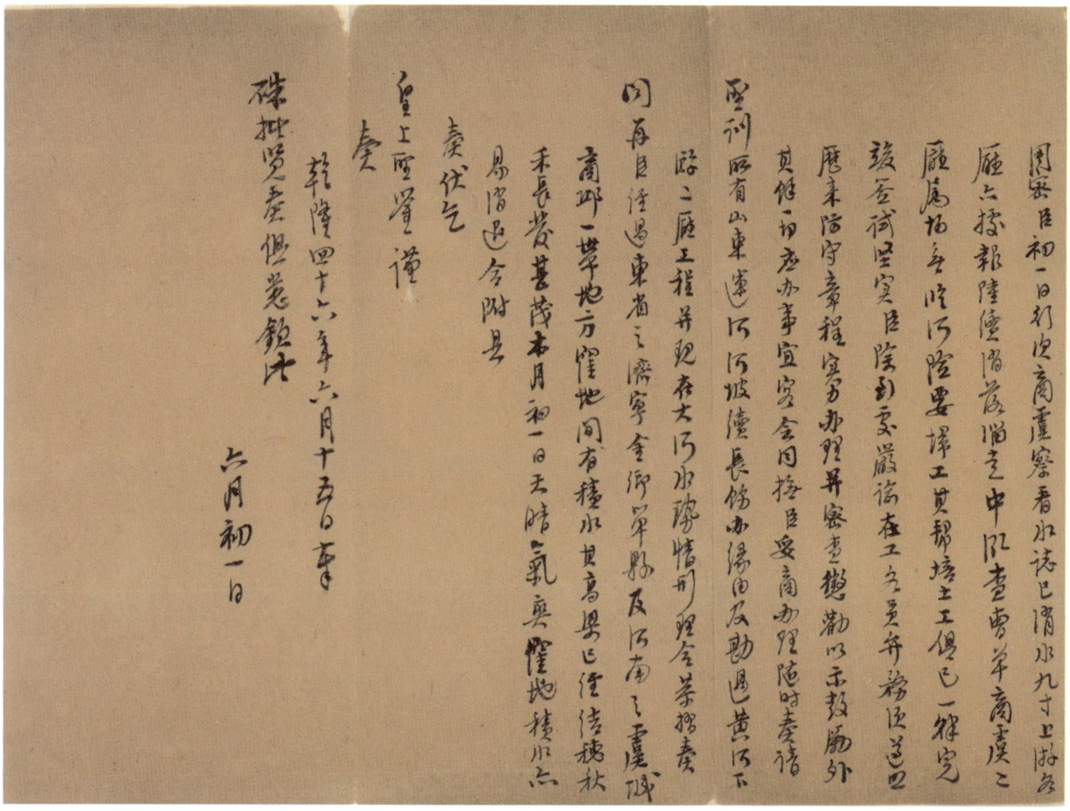

聞臣初一日行次商虞察看水誌已消水九寸上游各
廳亦據報陸續消落惟中段查勘曹單商虞之
廳屬堤多臨河險要埽工并幫培土工俱已一律完
竣查試堅實臣復剴切嚴諭在工文武弁務須遵照
歷來防守章程實力辦理并密查懲勸以示鼓勵外
其餘一切應辦事宜容會同撫臣妥商辦理隨時奏請
聖訓所有山東漫口河坡濱長帶水緣由及勘過黃河下
游之廳工程并現在大河水勢情形理合恭摺奏
聞再臣經過東省之濟寧金鄉單縣及河南之虞城
商邱一帶地方窪地間有積水其高埠已經種植秋
禾長發甚茂本月初一日天晴氣爽窪地積水亦
易消退合附片
奏伏乞
皇上聖鑒謹
奏
乾隆四十六年六月十五日奉
硃批覽奏俱悉欽此
六月初一日

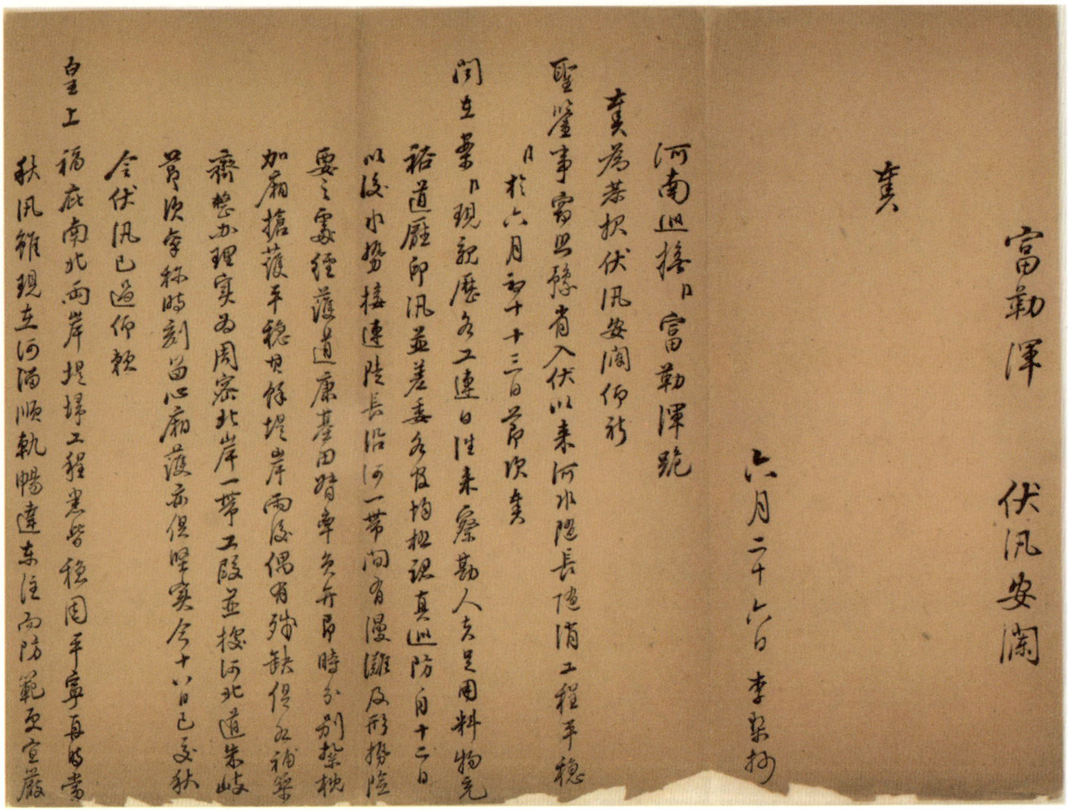
富勒渾　伏汛安瀾
奏
六月二十六日　李奉翰

河南巡撫臣富勒渾跪
奏為恭報伏汛安瀾仰祈
聖鑒事竊照豫省入伏以來河水隨長隨消工程平穩
臣於六月初十十三日節次奏
聞在案臣現親歷各工連日往來察勘人夫足用料物充
裕道廳印汛並差委各員均極認真巡防自十二日
以後水勢接連陡長沿河一帶間有漫灘及形勢險
要之處經該道廳督率各弁員時分別搭枕
加廂搶護平穩其餘堤岸兩頭偶有殘缺俱已補築
齊整辦理實為周密北岸一帶工段並據河北道朱岐
責令各弁時刻留心廂護亦俱堅實今十八日已交秋
令伏汛已過仰賴
皇上福庇南北兩岸堤埽工程悉皆穩固平寧且所當
秋汛雖現在河溜順軌暢達東注而防範更宜嚴

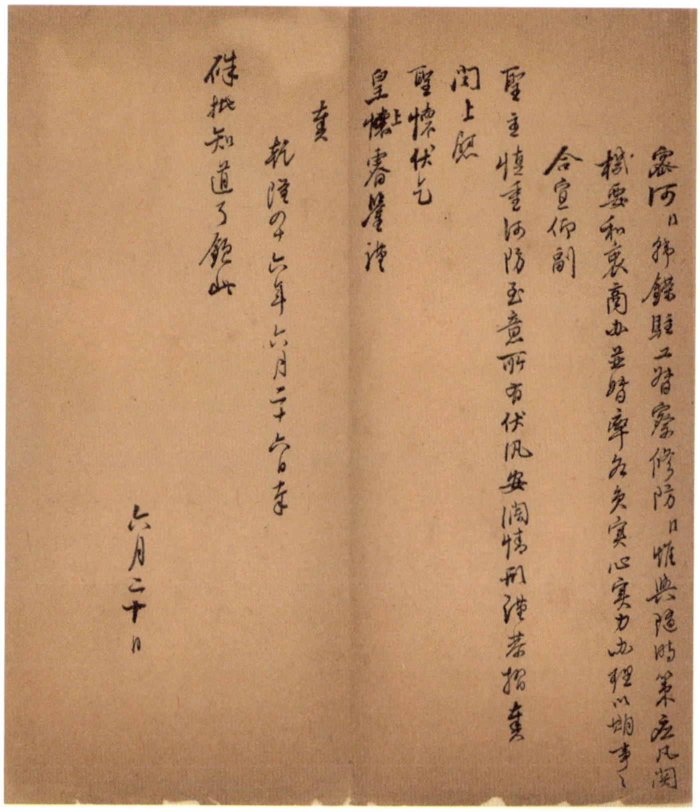

案河工務錄駐工督察修防工惟與隨時策應凡關
機要和衷商辦並時率各員實心實力辦理以期事事
合宜仰副
聖主慎重河防至意所有伏汛安瀾情形謹恭摺奏
聞上慰
聖懷伏乞
皇上睿鑒謹
奏
乾隆四十六年六月二十六日奏
硃批知道了欽此
六月二十日

四六三

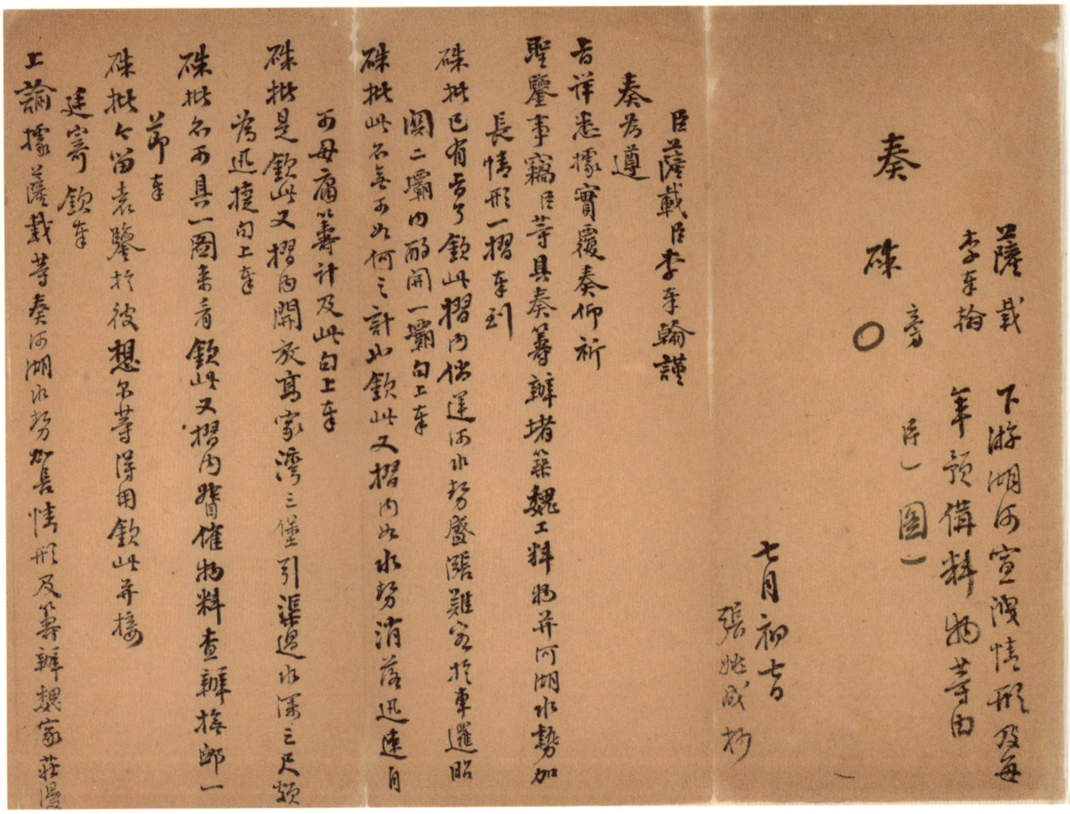

臣薩載 李奉翰 下游湖河宣洩情形及每
年預備料物等由
奏
硃 ○ 摺一 圖一

七月初七日
張繼威抄

臣薩載臣李奉翰謹
奏為遵
旨詳悉據實覆奏仰祈
聖鑒事竊臣等具奏籌辦堵築魏工料物并河湖水勢加
長情形一摺奉到
硃批已有旨了欽此摺內供運河水勢盛漲難以於東邊照
閱二壩內啟開一壩句上奉
硃批此不甚可如何之計也欽此又摺內以水勢消落迅速自
可毋庸籌計及此句上奉
硃批是欽此又摺內開放高家灣三堡引渠過水深二尺數
為迅捷句上奉
硃批不可甚一面素有欽此又摺內擋催物料查辦接續一
節奉
硃批亦當差鑒於彼想不等得用欽此再據
廷寄欽奉
上諭據薩載等奏河湖水勢加長情形及籌辦堵築家莊漫

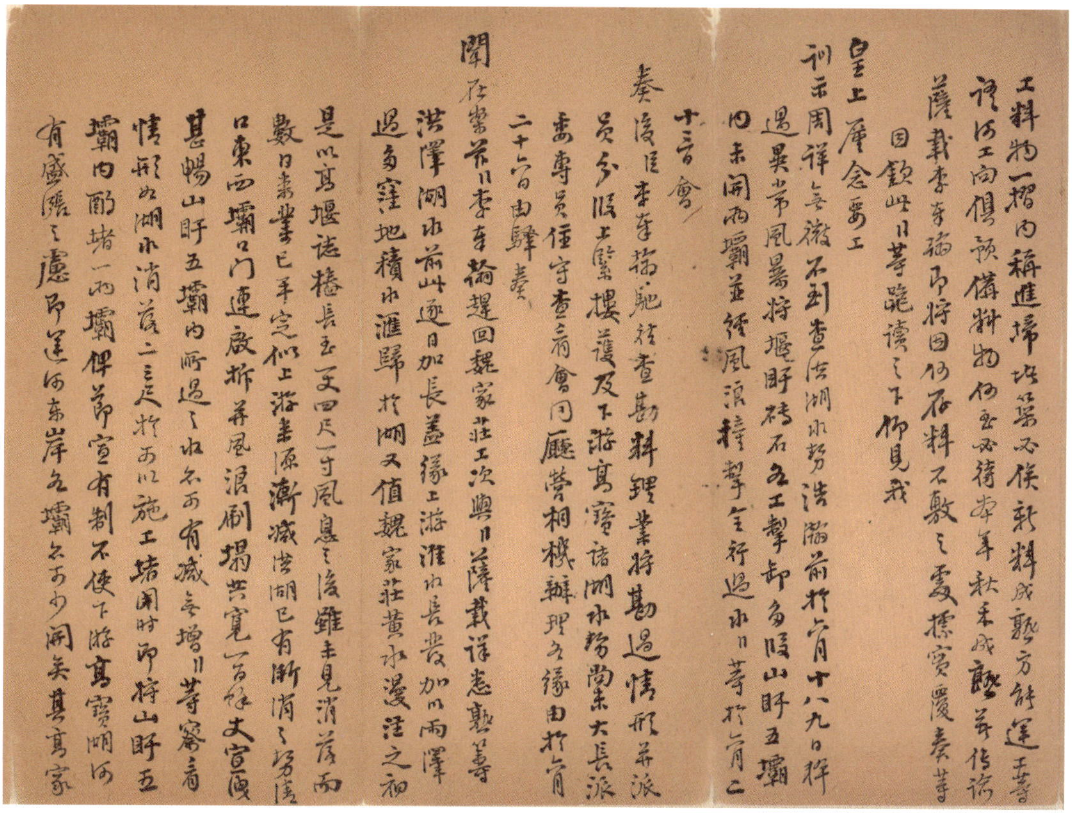

工料物一摺內稱進埽估算必俟新料成熟方能運工等
語。河工向俱預備料物，何至必待本年秋禾成熟並作詭
護。著李奉翰即將因何存料不敷之處據實覆奏。等
因。欽此。臣等跪讀之下，仰見我
皇上廑念要工
訓示周詳，無微不到。查洪湖水勢浩瀚，前於六月十八九日猝
遇異常風暴，將堰盱磚石各工掣卸多段，山盱五壩
內未開兩壩並經風浪撞掣，全行過水，臣等於六月二
十三日會
奏。後臣李奉翰馳往查勘料理，業將勘過情形並派
員分段上緊摟護，及下游高寶諸湖水勢常大長派
委專員住守查看，會同廳營相機辦理各緣由，於六月
二十六日由驛奏
聞在案。茲臣李奉翰趕回魏家莊工次，與臣薩載詳悉熟籌，
洪澤湖水前此逐日加長，蓋緣上游淮水長發，加以雨澤
過多，窪地積水匯歸於湖，又值魏家莊黃水漫注之初，
是以高堰誌樁長至一丈四尺一寸，風息之後，雖未見消落，而
數日來業已平定，似上游來源漸減，洪湖已有漸消之勢。清
口東西壩口門連啟拆，並風浪刷塌共寬一百餘丈，宣洩
甚暢，山盱五壩內所過之水亦可有減無增。臣等察看
情形，如湖水消落二三尺，於西水施工堵閉，即將山盱五
壩內酌堵一兩壩，俾節宣有制，不使下游高寶湖河
有盛漲之慮，即運河東岸各壩亦可少開矣。其高家

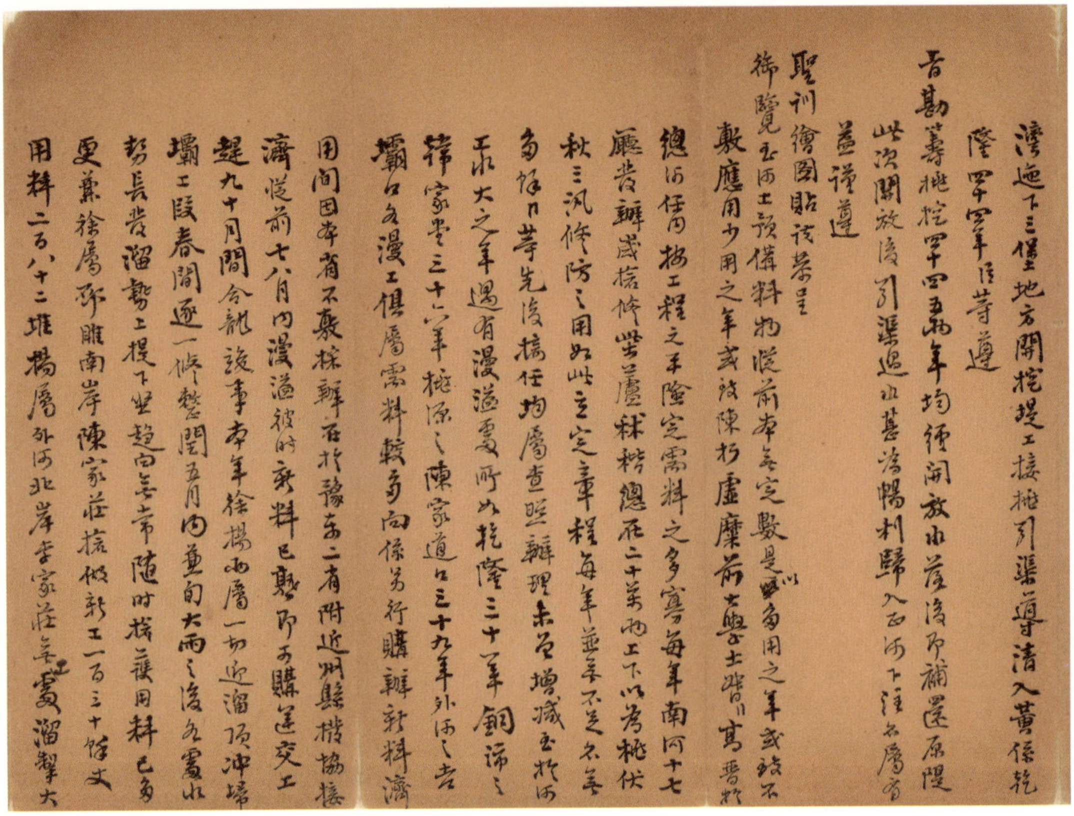

灣迤下三堡地方開挖堤工接挑引渠導清入黃係乾
隆四十四年臣等遵
旨勘籌挑挖四十四五兩年均經開放水落後即補還原堤
此次開放後引渠過水甚為暢利歸入正河下注各屬甫
蓋謹遵
聖訓繪圖貼說恭呈
御覽至河工預備料物從前本無定數是以多用之年或致不
敷應用少用之年或致陳朽虛糜前大學士嵇曾筠晉於
總河任內按工程之平險定需料之多寡每年南河十七
廳歲辦歲搶修共蘆秫秸總在二十萬兩上下以為桃伏
秋三汛修防之用如此立定章程每年並無不足亦無
多餘臣等先後接任均屬查照辦理未肯增減至於河
工水大之年遇有漫溢處所如乾隆三十一年銅沛之
韓家堂三十六年桃源之陳家道口三十九年外河之老
壩口各漫工俱屬需料較多向係另行購辦新料濟
用間因本省不敷採辦委於豫東二省附近州縣搭協接
濟從前七八月內漫溢彼時新料已熟即可購運交工
趕九十月間合龍該事本年徐揚兩屬一切迎溜頂沖埽
壩工段春間逐一修整閏五月內連旬大雨之後各處水
勢長發溜勢上提下坐趨向無常隨時搶護用料已多
更兼徐屬邳睢南岸陳家莊搶做新工一百三十餘丈
用料二百八十二堆揚屬外河北岸李家莊無工處溜勢大

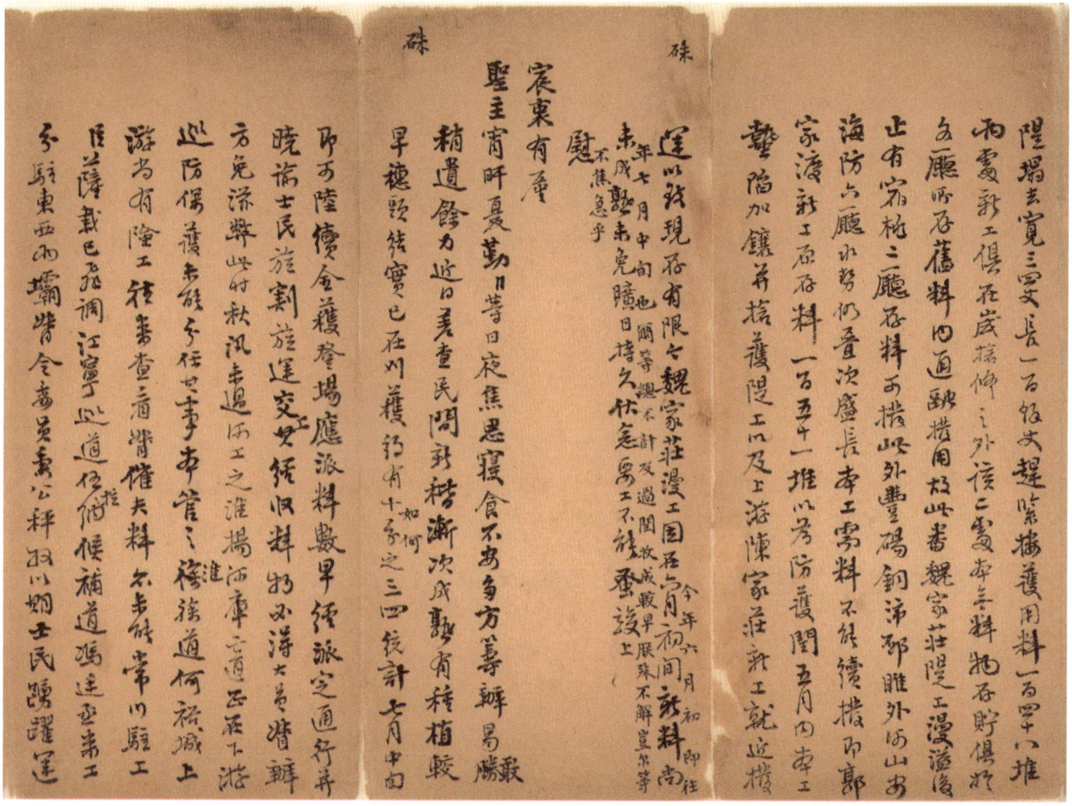
隄塌去寬三四丈長一百餘丈堤身搶護用料一百四十八堆
兩處新工俱在歲搶例之外該二處本無料物存貯俱於
各廳所存舊料内通融撥用故此番魏家莊隄工漫溢後
止有宿桃二廳存料可撥此外豐碭銅沛邳睢外河山安
海防六廳水勢仍叠次盛長本工需料不能續撥即郭
家渡新工原存料一百五十一堆以爲防護閏五月内本工
蟄陷加鑲并搶護隄工以及上游陳家莊新工就近撥
硃
運以致現存有限々魏家莊漫工因在六月初間新料尚
未成熟未免曠日持久伏思要工不能蚤竣上
（今年六月初即往年七月中旬也爾等總不計及過閏收成較早朕殊不解豈爾等不能急乎）
慰
宸東有廑
聖主宵旰憂勤日夜焦思寢食不安多方籌辦曷敢
精遺餘力近日差查民間新稭漸次成熟有稭植較
早穗頭結實已在刈穫約有十分之三四（如何）約計七月中旬
硃
即可陸續全穫登場應派料數早經派定通行并
曉諭士民旋割旋運交工徑收料物必得大員督辦
方免弊此時秋汛未過河工之淮揚河庫亦道正在下游
巡防保護未能分任其事本管之徐（淮）徐道何裕城上
游另有險工往來查看督催夫料亦未能常川駐工
臣薩載已飛調江寧巡道（拉）侍候補道馮廷丞來工
分駐東西兩壩督令委員眾公秤收以期士民踴躍運

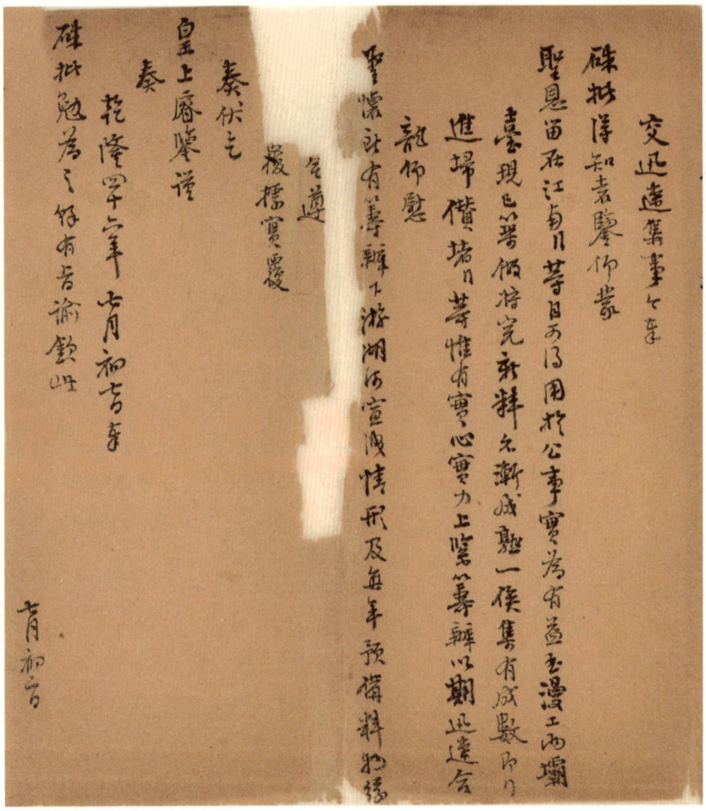

交迅速集事之至

硃批得知者鑒仰蒙

聖恩留在江南等因臣得用於公事實為有益至漫工兩壩

臺現已將俱將完新料亦漸成熟一俟集有成數即行

進埽堵口等惟有實心實力上緊籌辦以期迅速合

龍仰慰

聖懷至有籌辦下游湖河宣洩情形及每年預備料物緣

由另遵

繕摺覆陳

奏伏乞

皇上睿鑒謹

奏

乾隆四十六年七月初七日

硃批勉為之另有旨諭欽此

七月初七

四六四

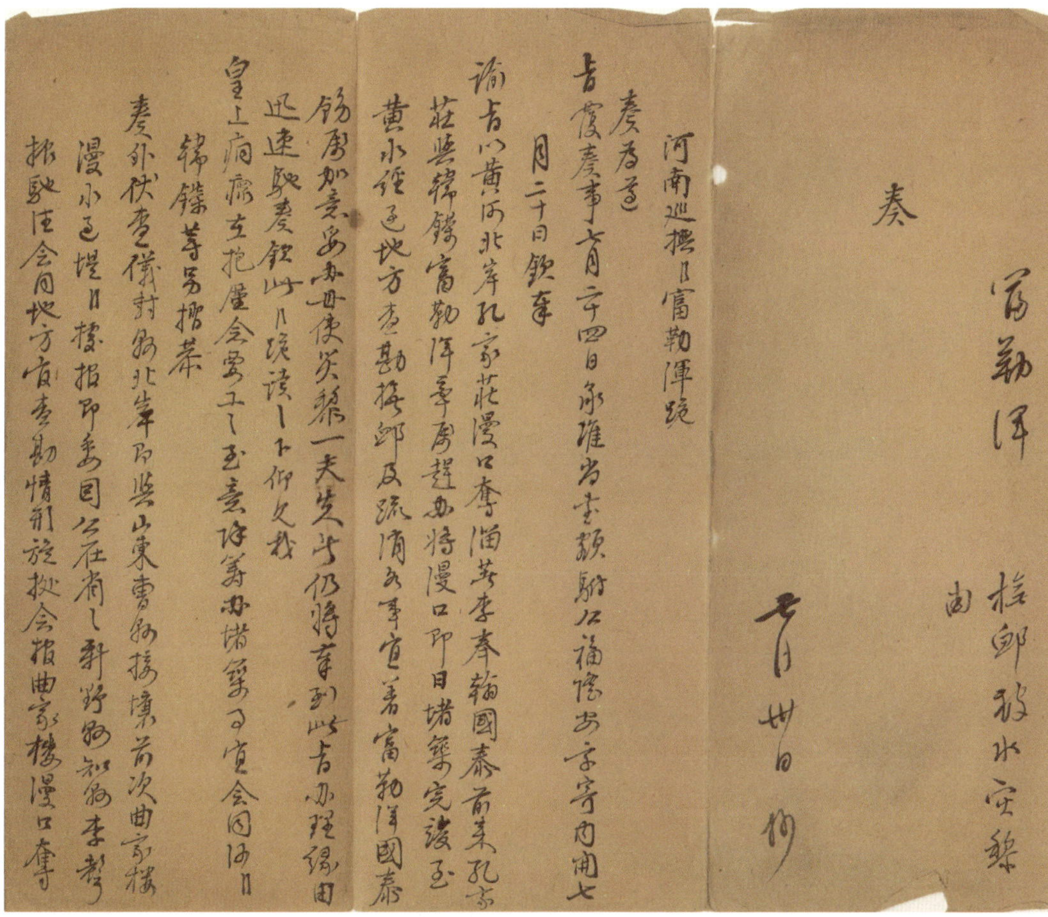

奏

富勒渾

由

河南巡撫臣富勒渾跪

奏爲遵

旨覆奏事。竊臣於本月二十四日承准尚書額駙公福隆安字寄內開：七

月二十日欽奉

諭旨：以黃河北岸孔家莊漫口奪溜，著李奉翰、國泰前來孔家

莊與韓鑅、富勒渾等會同趕辦，將漫口即日堵築完竣。至

黃水經過地方查勘撫卹及疏消各事宜，著富勒渾、國泰

飭屬加意妥辦，毋使災黎一夫失所。仍將奉到此旨辦理緣由

迅速馳奏。欽此。臣跪讀之下，仰見我

皇上痌瘝在抱、廑念要工之至意。除籌辦堵築事宜會同河臣

韓鑅等另摺恭

奏外，伏查儀封縣北岸即與山東曹縣接壤，前次曲家樓

漫水已[illegible]臣[illegible]指即委同知莊有信、新野縣知縣李[illegible]

[illegible]馳往會同地方官查勘情形，旋據會報曲家樓漫口奪

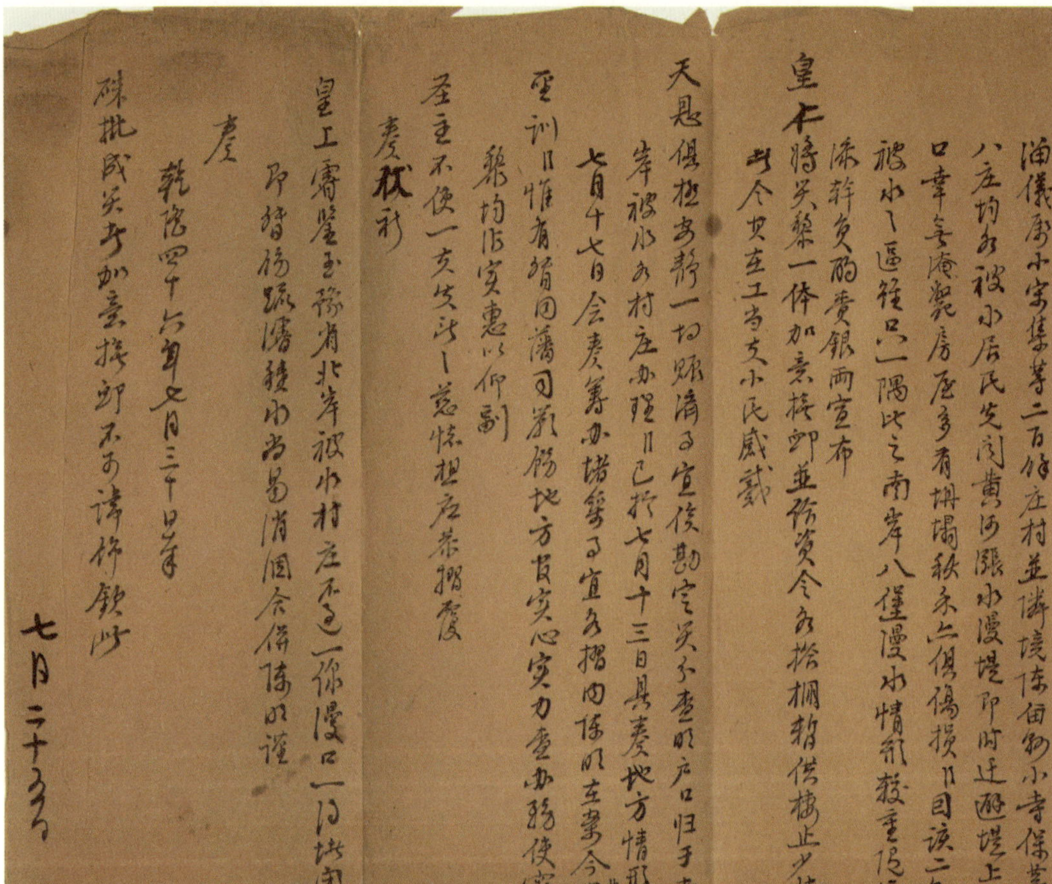

四六五

奏

臣薩載臣李奉翰謹

奏為遵

旨議奏事竊臣等接准吏部咨議覆臣李奉翰在河東總河任内陳奏豫省黃河兩岸堤工道路遥遠額設兵丁不敷防守請於江南河營并船務營額設兵丁内抽撥二百名移設河東工作惟地屬隔省如儘此二百名之數悉行調撥其搬移眷屬等事未免多費周章請就界聯豫東之豐碭銅沛邳睢三營内挑選熟諳椿埽兵丁三十名就近撥往其餘一百七十名俟南河各營空出名糧陸續撥歸豫東分派各營募兵充補於巡防既為嚴密工作亦漸臻諳練等因經部

臣議以江南省二十營内是否可以抽減足資

防守之處亦須酌議請

旨飭令臣與河臣詳細查議具奏到日再行核辦等

因奉

旨依議欽此移咨到臣薩載時臣李奉翰奉

命調補江南河道總督臣等隨轉飭河工道將通盤

確查籌議去後兹據淮揚道王問羹淮徐道何

裕城河營叅將鄭永泰會同查議詳覆前來臣

等查豫省黄河兩岸堤工道里綿遠額設河兵

不敷照防且鮮熟諳椿埽兵丁自應在於江南

各河營内通融調撥以資防守南河二十營内

除船務一營額設浚柳船隻赴蕩裝柴在船水

手即係河營額兵内充補名為船兵專司駕運

不諳修防且按船配定兵數未能抽撥又裡河

外河二營工多事繁額設兵丁僅敷力作亦難

裁減所有改撥豫省河兵二百名應於豐碭銅

沛睢靈邳州宿虹宿遷桃南桃北運河海防山

安安阜高堰山盱中河高寶江防十七河營内

酌量工程繁簡分别抽撥每營酌裁數名至一
二十名與南河尚無短缺之虞此二百名內所
需椿埽兵三十名應於接壤豫東之豐碭銅沛
邳睢三營椿埽兵內先各抽撥十名酌給盤費
令其赴豫以供力作各兵原食戰餉江南應以
起程之日住支咨會豫省開支造報其餘一百
七十名俟各營空出守兵名糧即照抽撥名數
扣留開除陸續咨明河東河臣隨時召募充補
如此在河東兵數稍增於修防自更有益而南
河酌量裁撥亦於兵力無損除將抽撥椿埽兵
丁花名并酌裁各營兵數分别造冊另行咨部
查核外所有臣等酌議抽撥赴豫兵丁緣由理
合繕摺覆
奏是否有當伏乞
皇上聖鑒勅部議覆施行謹
奏

該部議奏

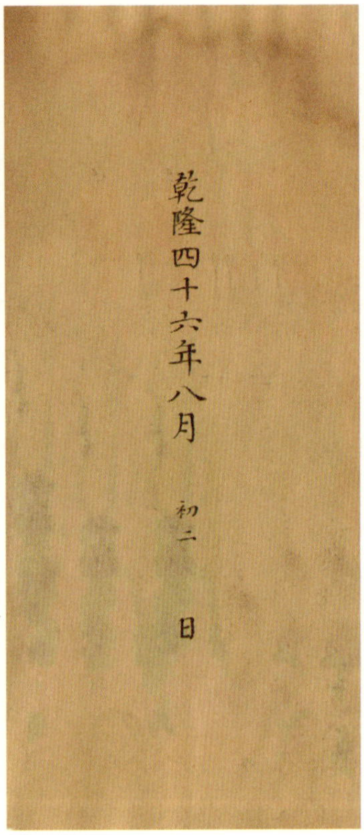

乾隆四十六年八月 初二 日

奏

江南河道總督臣李奉翰謹

奏為赴豫順勘黄河堤岸及河底情形仰祈

聖鑒事竊臣於七月二十四日欽奉

諭旨命往河南會堵漫工當將南河現辦之魏家莊

缺口及一切事宜與督臣薩載悉心籌定並將

總河印務於二十七日移交薩載兼署臣即馳

赴豫工緣由業經會摺由驛奏

聞在案茲查豐碭銅沛等廳黄河縷堤經伏秋大水

之後汕刷殘缺處所臣沿河順道察勘内中有

河勢偏趋實在卑矮單薄必須加高培厚者臣

記明工段札會督臣薩載覆勘確估歸於善後

工程案内彙摺具奏請

旨辦理又黃河內九里崗一帶淤淺段落並長河內
應行切灘抽槽處所前已會同薩載勘明估挑
其邪睢魏工迤上至豫省交界正河水勢大消
現在間段露灘凡淤淺阻碍之處臣細加履勘
或應挑切順勢或應抽挖溝渠以免將來阻遏
隨令廳營插立標記確估詳辦其河南境內河
底亦有淤淺並經面囑河臣韓鑅確勘間段抽
溝因勢利導再儀封曲家樓漫溢之水由南陽
昭陽諸湖下注微山湖現在水日加增急須廣
籌去路查微湖洩水尾閭有韓莊湖口各閘壩
及伊家河藺家山等處歸入江南運河中河分
洩入海各路前已繪圖奏蒙
聖鑒臣查黃河北岸潘家屯地方堤內微湖漫灘水
勢已至壩根該處碎石壩係於乾隆三十九年
值微湖水小漕運難資浮送經原任河臣姚立
德
奏明會勘建設原為洩黃入湖藉資濟運今黃水
已消湖水盛大臣隨督令備弁等探量內外地

形高下現在堤外河灘高於堤內湖水八尺餘
寸灘上引河亦高堤內水面四五尺不等就目
下情形而論外高內窪啟放無益設往後湖水
增長將外灘引河挑深啟放該處既可借以減（此為一計）
洩微湖之水又可刷滌黃河淤沙亦屬有益（可行）臣
前與薩載議及令一併札會查探湖水加長若
何相機酌辦臣於八月初二日已抵儀封工次
除將該處堵築事宜會同河臣韓鑅撫臣富勒
渾國泰勘籌具
奏外所有臣赴豫順勘黃河堤岸及河底情形謹
恭摺附驛奏
聞伏乞
皇上睿鑒謹
奏

知道了

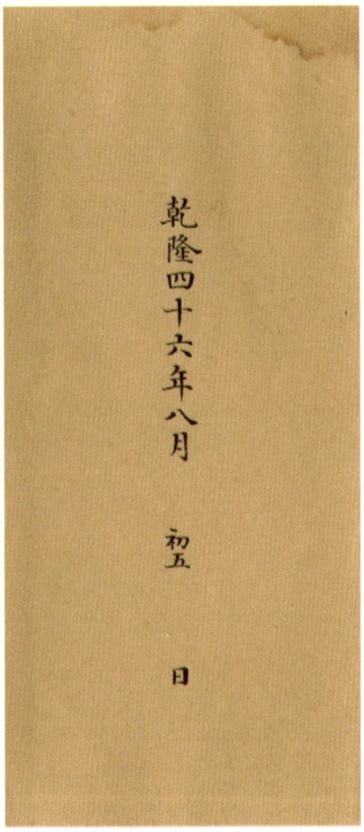

乾隆四十六年八月

初五

日

四六七

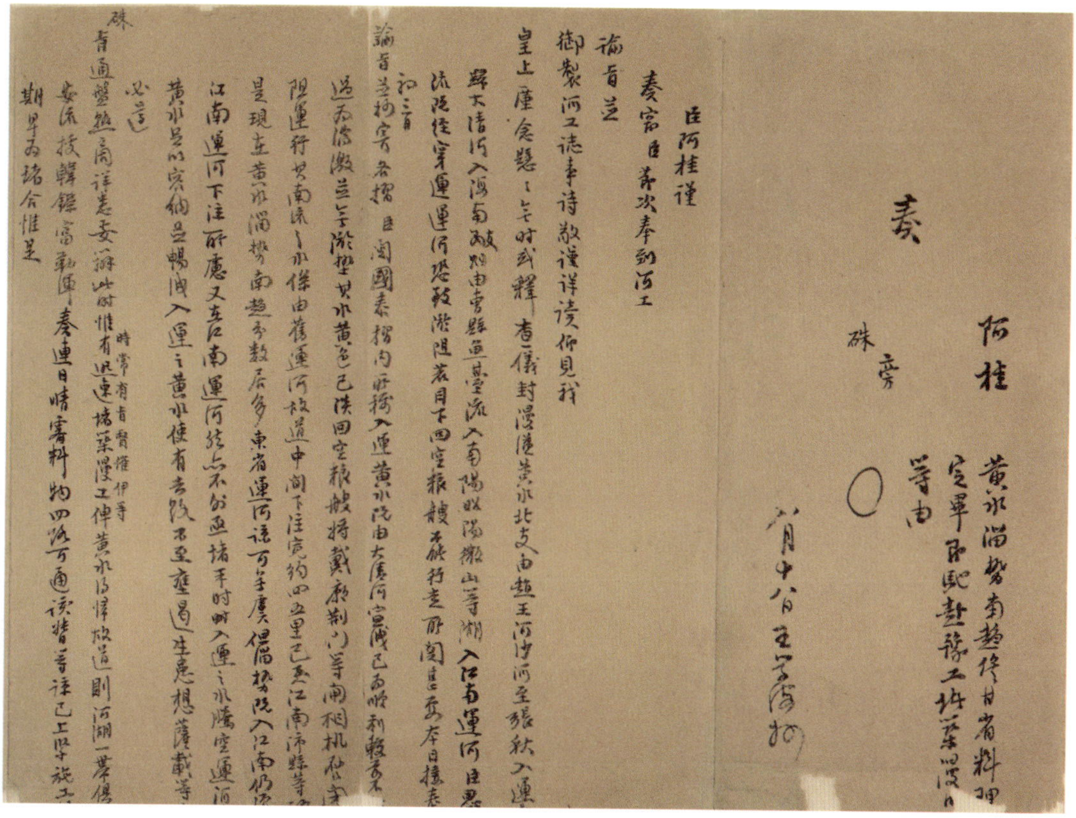

奏

阿桂

黄水溜勢南趨仍飭省料搶

宣畢即馳赴豫工搶築漫口

等由

硃旁 ○

八月十八日

臣阿桂謹

奏，為臣前次奉到河工

諭旨並

御製河工志事詩，敬謹詳讀，仰見我

皇上廑念懸懸，無時或釋。查儀封漫溢，黄水北支由趙王河沙河至張秋入運，

歸大清河入海；南趨者由曹縣單縣流入南陽昭陽微山等湖，入江南運河。臣恐

流從徑穿運河，致淤阻。茲目下回空糧艘不能行走。

諭旨並摺寄各摺，臣閱國泰摺內所稱入運黄水現由大清河宣洩，已無關礙。

皇上宵旰憂勞臣荷蒙
委任不能即至工所竭盡心力會同同寅籌畫稍為
聖主分憂捫懷慚愧寸忱倍深值兹現在豫省糧賑一案大局已定所有分別查辦其有
應行解審人犯俱可交督臣李侍堯歸案一併辦理臣俟諸務料理完畢即起
程馳赴豫工會同趕堵漫口以冀上紓
宸廑所有接奉
諭旨緣由謹恭摺覆奏伏乞
皇上聖鑒謹
奏

乾隆四十六年八月十八日奉

硃批覽欽此

八月初十

四六八

奏

署理兩江總督兼署江南河道總督臣薩載謹

奏爲恭報魏家莊漫工儹堵合龍日期仰祈

聖鑒事。竊照邳睢廳屬黄河南岸魏家莊漫工，前經

臣與河臣李奉翰集料撥夫，先將兩壩盤頭累

護，接築壩臺，次第鑲做，各緣由節次繕摺由驛

奏

聞在案。查漫工所辦稭蕻及一切檏料，臣與河臣先

經調委河庫道劉錫嘏、江寧廵道伍拉納分駐

兩壩，督率委員秉公秤收，淮徐道何裕城總理

稽查，臣亦不時留心體訪，料户咸以秤收公平，

莫不踴躍運交，人夫亦俱子来恐後。自上游豫

省漫口掣溜後，下游河水雖漸消落，而長河底

水悉由魏家莊口門下注然漫口之初水深在
三丈以外嗣只存水一丈七八尺較之行溜時
已淤丈許幸係稀淤易於辦理惟慮壩下淤
沙鑲做若不到底一經溜至難免搜刷臣與河
臣李奉翰於開工後督率道廳將弁逐占細鑲
上加層土層柴追壓務期追到老底更為堅實
仍按段簽釘長樁并將外首邊埽跟鑲接築做
至一百丈後口門中間水勢湧高因正河下游
現在挑淺不便使之東注致礙挑工隨將兩壩
緩緩進埽聽其由口門分洩并於正河下首暫
做子堰攔禦令於八月十一日兩壩相距只有
三丈口門水勢平定正河内所挑引渠已竣臣
即督率在工文武帶領兵夫各進一埽堵築合
龍鑲柴填土立見斷流該壩連邊埽計寬十二
丈做完高與舊堤相平現仍督令加高夯築務
期一律鞏固以備黄河歸復故道足資抵禦令
堵築壩工并鑲邊埽所用正雜料物夫土錢糧
統計核實共用銀八萬一千一百餘兩先於司

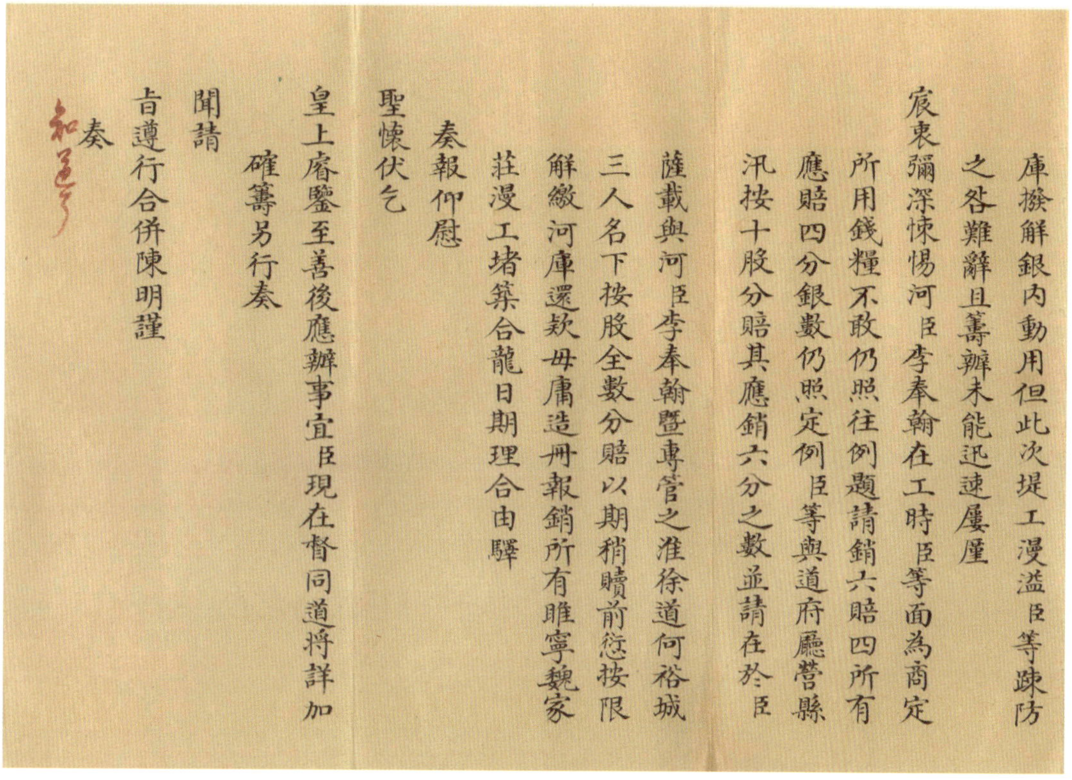
庫撥解銀内動用但此次堤工漫溢臣等疎防
之咎難辭且籌辦未能迅速屢厪
宸衷彌深悚惕河臣李奉翰在工時臣等面為商定
所用錢糧不敢仍照往例題請銷六賠四所有
應賠四分銀數仍照定例臣等與道府廳營縣
汛按十股分賠其應銷六分之數並請在於臣
薩載與河臣李奉翰暨專管之淮徐道何裕城
三人名下按股全數分賠以期稍贖前愆按限
解繳河庫還款毋庸造冊報銷所有睢寧魏家
莊漫工堵築合龍日期理合由驛
奏報仰慰
聖懷伏乞
皇上睿鑒至善後應辦事宜臣現在督同道將詳加
確籌另行奏
聞請
旨遵行合併陳明謹
奏
知道了

乾隆四十六年八月　十一　日

四六九

奏

河南巡撫臣富勒渾跪

奏為遵

旨覆奏事八月初七日臣在儀封工次承准尚書額

駙公福隆安字寄內開乾隆四十六年八月初

二日奉

上諭昨因黃河北岸漫決關係運道朕心深為廑念

命工部檢查舊案順治康熙年間有北岸河決封

邱武陟曹縣單縣等處之事乾隆十六年豫省之

陽武及山東之東平州戴廟亦有決口所有前數

次黃水下注其正河溜勢若何淹灌下游情形若

何有無妨碍運道如何設法疏濬淤沙及合龍時

日遲速之處豫東二省必有舊時冊檔可以檢查

著傳諭富勒渾國泰即詳晰查明迅速據實覆奏
單併發欽此併開單寄信到臣除曹單東平等州
縣堵合漫工並疏濬運河事宜應聽山東撫臣
國泰查明覆
奏外所有豫省應查各案臣隨飛行飭司檢查檔
案去後茲據藩司李承鄴稟稱順治七年九年
及康熙元年六十年檔案事隔年遠檢查多不
齊全查志書内開載甚明將志書併乾隆十六
年成案呈送前來臣細加查核謹將從前辦理
北岸漫工各案摘叙簡明畧節敬繕清單恭呈
御覽伏乞
皇上睿鑒謹
奏

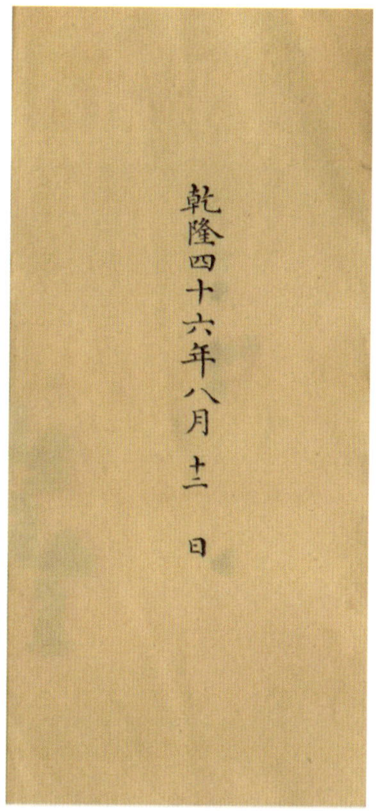

乾隆四十六年八月十三日

奏

河南巡撫臣富勒渾跪

奏為籌辦夫料以濟要工仰祈

聖鑒事竊照北岸青龍崗漫口黃水下注有關運道

民生一日不能堵合一日上廑

聖主焦勞懸切應如何分段趕辦之處現已另摺會

奏伏查要工欲期速竣全在夫料湊手現在除闗家莊朱家廠牛家場榮華寺李家莊業已趕堵完竣所用夫料不計外其青龍崗漫口頭壩二壩孔家莊缺口各處溝槽廂做防風所需物料及挑挖引河補築圈堤所需人夫自應寬為預備以免貽誤臣與藩司李承鄴悉心籌畫酌定現備辦秸料十六千萬斤蔴一千三百萬斤雇

覔附近夫十萬餘以資力作查定例每稭一斤
價銀九毫蔴一斤價銀一分四厘四毫夫一名
日給工價銀四分歷来辦理漫口工段所需夫
料俱係分派通省州縣採辦撥雇各州縣按糧
派之里下里下辦料因道路遠近不一有遲至
半月及二十餘日始到工交納一次者亦有公
議大戸鄉長携銀赴工買交者限緊需急商販
因無定價即借此居竒以致每稭一斤竟有用
錢十餘文至二十餘文者蔴價亦加數倍是以
乾隆四十四年冬間前撫臣陳輝祖會同
欽差大學士公阿桂等辦理儀汛南岸壩工因派辦
之料民運緩不濟急且查知前弊當經陳輝祖
奏明每稭一斤酌定價脚銀八厘蔴一斤酌定價
脚銀七分五厘先借庫項委員採辦工竣核明
實數不敷帮價於通省州縣均攤帶征還款大
工既得速竣而民力亦甚寬紓此次青龍崗漫
口有碍湖河運道一切料物工急而用多尤宜
加緊趕辦俾得迅速堵合仰慰

宸衷茲當大工伊始現值新料登場購辦較易與其
通省分派致滋多費稽延自不若就近收買事
易集而民無擾累當即分委開封府康基田歸
德府吳元祺懷慶府王嵩桂署衛輝府陳文緯
各於所屬附近採辦運工每稭一斤酌給價脚
銀四厘蔴一斤酌給價脚銀六分現已源源到
工臣等差員下鄉嚴密查訪俱係平買平賣農
民樂從復在厰向料戶時加體詢無不歡欣踴
躍稱頌
皇仁照此依時給值既無紛擾而分辦交收足資接
濟於工用民情均有裨益所需脚價銀兩一面
先於司庫借墊事竣仍照例價報銷外不敷銀
兩於通省各州縣攤征還款至里下辦夫向來
亦係按糧派撥自本地動身起每日給錢百文
名為底錢在途給與盤費到工之日擡土搬料
仍酌給工價辦理似有成規但道路遠近不一
來工既多稽延而胥役夫頭更不能保無私折
包攬影射情弊臣因要工緊急夫當核實隨酌

令開歸彰衛懷各州縣就近撥雇每名每日照
例發銀四分外給津貼銀一錢以資食用復與
藩司通盤核計各工所需之夫雖多按糧攤算
亦不過每糧銀三十兩日出夫一名津貼銀一
錢用多雇多用少雇少隨時抽添則人夫既皆
歸實用而繁費更可稍為節省矣臣與河臣李
奉翰韓鑅彼此商酌意見相同所有籌辦夫料
情形理合恭摺具
奏伏乞
皇上睿鑒訓示謹
奏

所辦好知道了

乾隆四十六年八月 十二 日

四七一

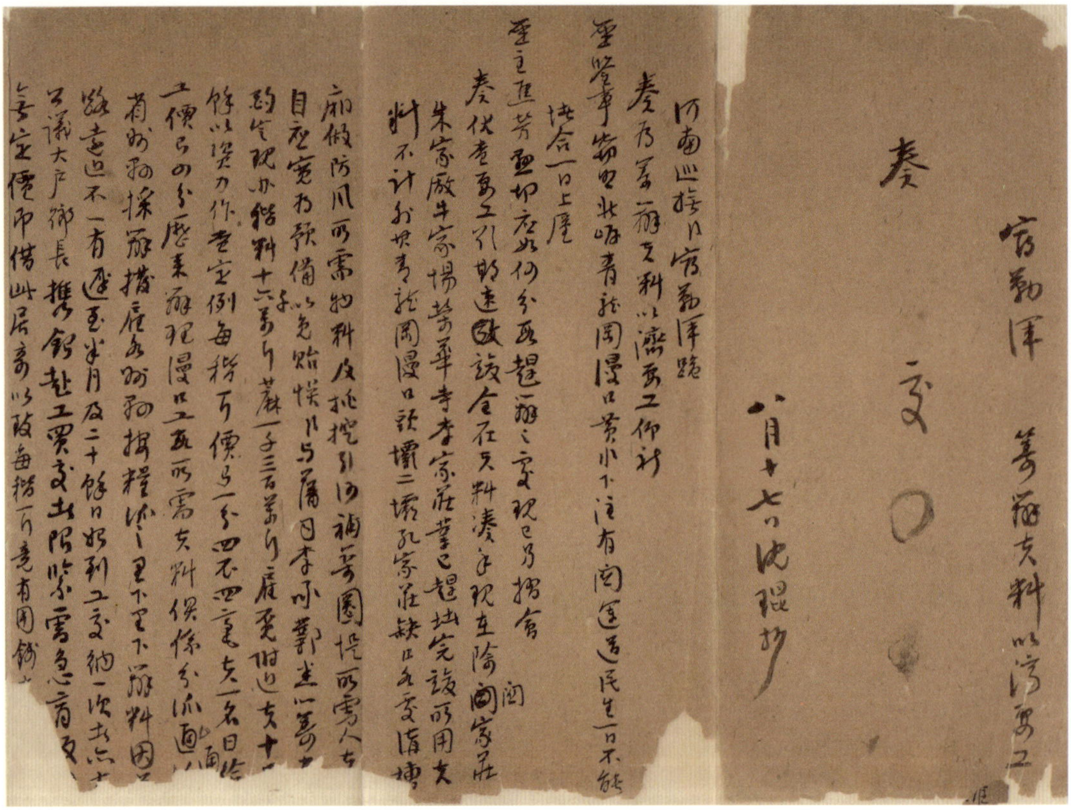

奏

富勒渾　籌辦夫料以濟要工

覽

八月十七日沈琨抄

河南巡撫臣富勒渾跪

奏為籌辦夫料以濟要工仰祈

聖鑒事竊照此次青龍岡漫口黄水下注有關運道民生一日不能

堵合一日上厪

聖主焦勞亟切應如何分頭趕辦之處現已另摺會

奏伏查要工所恃速竣該全在夫料湊手現在除商家莊

朱家莊牛家場華寺李家莊業已趕堵完竣所用夫

料不計外其青龍岡漫口該壞二壩孔家莊缺口各處情形

前做防風所需物料及挑挖引河補築圍堤所需人夫

自應寬為預備以免貽悞臣與蘭第錫李奉翰連日籌[illegible]

約估現需稭料十六萬斤蔴一千三百萬斤應需附近夫十[illegible]

餘以資力作查定例每採買稭料一束價銀四分四厘夫一名日給

工價銀四分歷來辦理漫工所需夫料俱係分派[illegible]

首州縣採辦搭廠分派搬運[illegible]里不等下游料因[illegible]

路途遠近不一有遲至半月及二十餘日始到工者又納一次者[illegible]

不議大戶御長攜銀赴工買交者限時需急恐有[illegible]

[illegible]定價即借此居奇以致每稭一斤竟有用錢[illegible]

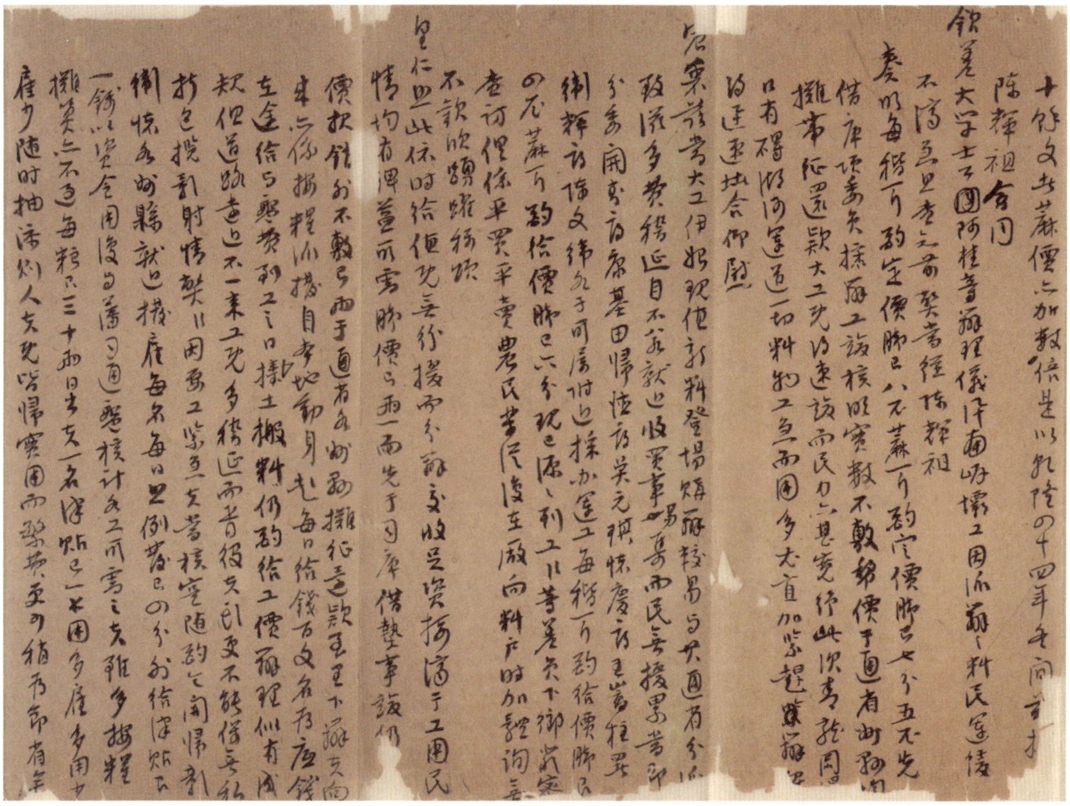

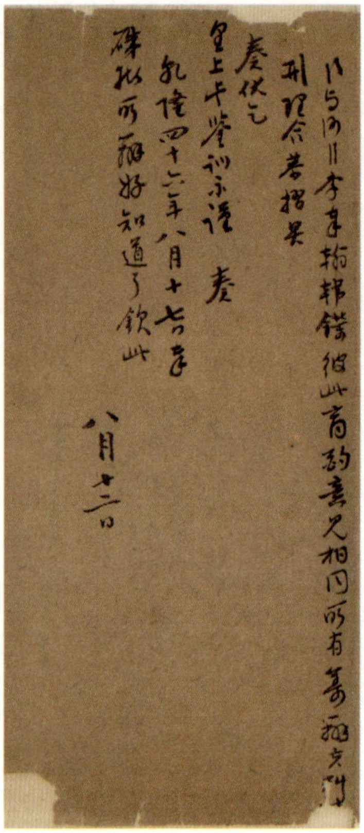
臣與阿桂、李奉翰、韓鑅彼此商酌，意見相同，所有籌辦[illegible]理合恭摺具

奏，伏乞

皇上睿鑒訓示。謹奏。

乾隆四十六年八月十七日奉

硃批：所辦好，知道了。欽此。

八月十二日

四七二

奏

江蘇巡撫臣閔鶚元謹

奏為河工動撥司庫銀兩恭摺

奏明事竊查本年六月內邳睢廳黃河南岸魏家庄漫口先經督臣薩載河臣李奉翰於籌辦堵築情形案內恭摺會奏應發料價夫工等銀因河庫歲搶修項下各有應支之款請於江寧藩庫撥銀十五萬兩解存河庫動用等因當經飛飭該司遵照撥解去後茲據江寧藩司劉墫詳稱司庫正雜銀款俱有本款動支惟有封貯備用銀三十萬兩原係留備地方緊要之用堪以動撥當於此款銀內撥銀十五萬兩委員解交河庫收用仍俟有新收銀兩即行歸款請將動

撥緣由具

奏前來　臣查動用司庫封貯銀兩例應專摺具

奏所有魏工增築案內動撥封貯銀十五萬兩理

合將動款緣由會同兩江總督臣薩載恭摺具

奏伏祈

皇上睿鑒謹

奏

該部知道

乾隆四十六年八月　二十六　日

四七三

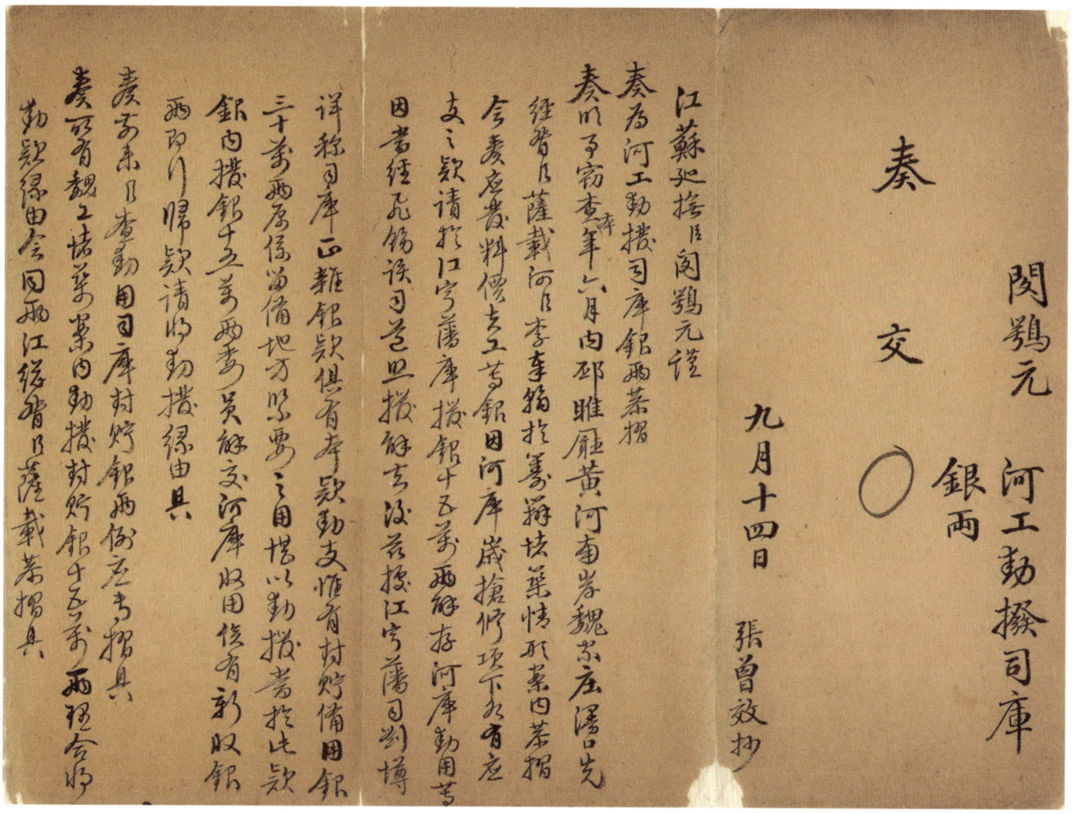
閔鶚元　河工動撥司庫銀兩
奏　交　○
九月十四日
張曾效抄

江蘇巡撫臣閔鶚元謹
奏爲河工動撥司庫銀兩恭摺
奏明事。竊查本年六月内邳睢廳黄河南岸魏家莊漫口，先
經督臣薩載、河臣李奉翰於籌辦堵築情形案内恭摺
會奏，應需料價十五萬兩銀，因河庫歲搶修項下無有應
支之款，請於江寧藩庫撥銀十五萬兩解存河庫動用。茲
因當經臣飭該司並照撥解去後，茲據江寧藩司劉墉
詳稱：司庫正雜銀款俱有存款動支，惟有封貯備用銀
三十萬兩，原係留備地方緊要之用，堪以動撥。當於此款
銀内撥銀十五萬兩，委員解交河庫收用，俟有新收銀
兩即行歸款，請將動撥緣由具
奏等由。臣查動用司庫封貯銀兩，例應專摺具
奏。所有魏家莊漫工案内動撥封貯銀十五萬兩，理合將
動款緣由會同兩江總督臣薩載恭摺具

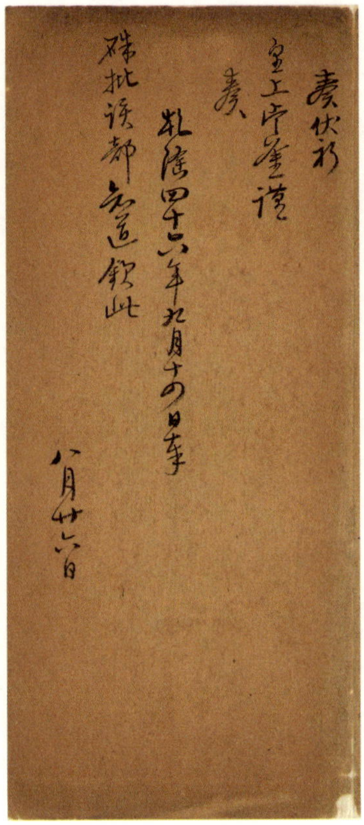

奏伏祈

皇上睿鑒謹

奏

乾隆四十六年九月十四日奉

硃批該部知道欽此

八月廿六日

四七四

奏

署理兩江總督臣薩載謹

奏為奏明挑浚黄河内上下淺灘次第工竣并開放蘇家山水線河及十字河竹絡壩過水情形

仰祈

聖鑒事竊照江南黄河前於邳睢魏家莊堤工漫溢掣溜後經大學士公阿桂奏明以黄河下游九里崗一帶恐有梗阻應將今春所挑引河展寬并於間段淤淺處所酌量抽挖欽奉

諭旨飭令臣與河臣李奉翰通盤籌酌辦理當經臣等自魏家莊以下勘至九里崗沈家窑一帶將長河内凡有露出淤灘處所逐一勘估分别展寬抽挑繪圖奏蒙

聖鑒俞允即經派員分段興工嗣因豫省儀封北岸
漫溢掣溜自魏家莊以上至豫省交界止正河
水落又經臣與河臣李奉翰
奏明如有露灘之處一併確勘挑切以免阻遏奉
到
硃批此更要著欽此河臣李奉翰於赴豫時即順道
查勘將銅豐二廳境内淤灘飭令各插標記札
會臣委員勘估臣隨委叅遊先往按段估計臣
於魏工堵築合龍後復赴徐屬勘籌其時水勢
日耗大河日見露底除此⺀小淤灘水到即可刷
去毋庸挑切以省糜費其餘各要工對岸所長
淤灘較大每遇盛漲大溜偏趨工多險要亟應
抽挑以順其勢臣隨督率道將逐細確估分别
抽溝挑切均限九月内一律完竣工段零星派
員分挑易於辦理即令各工員趕辦買土一事
趕辦工竣核實另行造册報部核銷其下游九
里崗一帶展寬引渠并於河頭迤上接挑灘長
四百八十七丈一律挑寬四十丈河頭加展十

丈均屬尚淺倍費人力工程較大臣因上游合
龍較速萬一工未挑完水頭已到與事無益且
工在水底無可查驗亦難免於弊混經臣酌定
挑寬四十丈者分為兩次挑挖先挑二十丈工
完驗明再行接挑二十丈并尚委署淮安府候
補道馮廷丞同候補通判徐紹基葉文麟等駐
工督辦查催先後據報挑完茲臣赴徐查勘沛
縣水勢將被水灾黎遵
旨加意撫綏安頓均各得所臣即由徐屬自上至下
將正河內挑溝切灘各工挨次查驗其有挑不
如式或原估未盡妥協應行改挑補切者並經
酌定指示各工員乘人夫未散一體趕辦臣前
奏挑浚蘇家山水線河外灘并運河內之十字河
竹絡壩兩處均經疏浚深通先後開放過水四
尺及四尺七八寸不等分注黃河宣洩甚暢荆
山橋以及運河水勢現俱平定黃河內已陸續
長水二三尺不等循槽下注形勢甚順而得此
清水汕刷淤沙亦甚有益所有黃河內上下抽

溝切灘各工完竣及開放蘇家山水線河并十
字河竹絡壩分洩情形理合一併恭摺由驛奏
聞伏乞
皇上睿鑒謹
奏

知道了

乾隆四十六年十月　初一　日

四七五

奏

河東河道總督臣韓鑅謹

奏為欽奉
上諭據實覆奏事竊臣於十二月初六日奉
上諭嵇璜所奏令河流仍歸山東故道之語現在漫
口下注北流之水祇有二分其南下者至八分之
多斷難迴狂瀾使之北注事勢顯而易見朕料其
必不可行阿桂與李奉翰韓鑅等目擊全河形勢
想亦未必以為然仍令阿桂等各就所見據實覆
奏欽此臣跪讀
聖諭仰見
皇上至聖至明洞燭無遺之至意伏思治水之道原
貴順勢利導難以強激逆行查青龍岡當始漫

之時勢甚洶湧是以倒漾北行分入沙趙河串運歸海者不過二分北行不久旋即斷流全行南注其南北地勢高下懸殊已屬顯然若於南行極窪之處建堤堵截欲廻狂瀾於北注誠如

聖諭必不能行且黃河大勢河底雖漸淤高而自豫省達江南入海終屬就下之勢未便輕議更張現在會同大學士阿桂等將青龍崗壩工仍照原處妥籌趕辦以期速竣另行會奏外緣奉

諭旨垂詢謹就臣愚見據實附驛覆

奏伏乞

皇上睿鑒謹

奏

覽卻知道

乾隆四十六年十二月　初七　日

四七六

奏

臣韓鑅臣富勒渾謹

奏爲遵

旨查辦事乾隆四十六年十二月二十四日承准尚

書和珅字寄内開本年十二月二十日奉

上諭據胡季堂奏稱河灘地畝盡皆耕種麥苗並多

居民村落一遇水發之時勢必築圍打壩填塞河

身等語所見甚是於河道甚有關係着該督撫等

確加履勘有無佔碍情形遴委幹員不動聲色妥

為經理等因欽此臣等跪讀之下仰見我

皇上博採羣言無微不燭伏查黄河水性湍激挾沙

帶泥而行一有阻攔即易停淤是兩岸河灘内

之壩堰墻圍填塞既多河身漸狹誠於河道大

有關係查乾隆二十三年前河臣張師載以河
灘居民互相築堰各衛田禾佔碍河身曾經
奏請嚴飭沿河州縣實力禁止欽奉
俞允遵行在案臣等到任後俱經嚴行飭禁臣韓鑅
於南北兩岸勘工時留心查驗並無增築民堰
攔截地界之事惟灘内村莊地勢高矮不等其
高阜不致漫水之處誠如
聖諭不必概令遷徙至有低窪易於上水之處逼近
河身者自不得聽其佔碍臣等現已檄飭該司
道逐細確查酌量河勢情形分别應否遷讓務
須不動聲色妥為經理使水道得以暢行灘民
不致失所以仰副
聖主慎重河防保赤勤求之至意除俟查明另行具
奏外所有遵
旨查辦緣由理合先行繕摺附驛具
奏伏乞
皇上睿鑒謹
奏

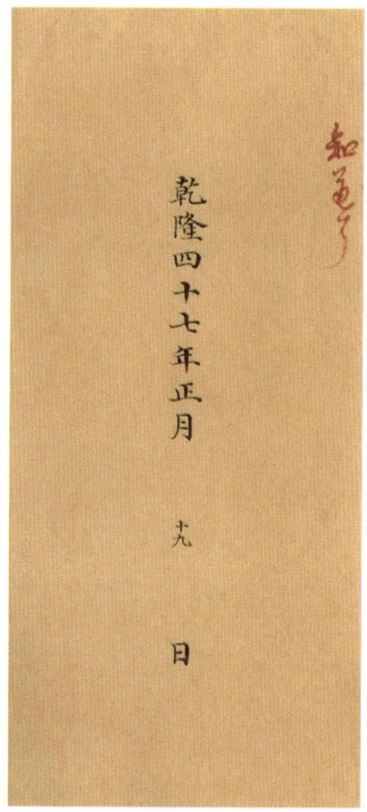

知道了

乾隆四十七年正月十九日

四七七

奏

山東河南河道總督臣韓鑅
山東巡撫臣國泰 跪

奏為遵
旨查明覆奏事竊臣等承准
廷寄欽奉
上諭飭查黃河灘內村莊有無阻碍水道著令分別
遷移一案等因遵
旨寄信到臣仰見
聖主集思廣益
睿慮周詳為河道民生計者至深且遠臣等當即飭
行司道確查遵
旨先行恭摺會奏
聖鑒兹據兗沂曹道張永貴督同曹州府縣確查具

覆前來臣等伏查黃河之性原不能分流而治
水所貴不與水爭俾其得有容納庶不致肆出
為患山東省境內黃河西自曹縣與河南儀封
縣交界起東至單縣與江南碭山縣交界止計
長二百餘里南北河灘寬廣二三十里至四五
十里不等內有莊村五百八十五處相距黃河
正流遠近不一其坐落老灘地形高阜為黃水
流走不到者三百五十四莊民居廬舍棲住年
久本無碍於水道惟有相距河流稍近地處低
窪者計二百三十一莊於黃水盛漲之時每為
旁溢所及原非當沖刷之灘聚居墾種半多聽
天收穫水小之年可以得利水大之年即自行
將所搭茅棚草舍遷避所遺短墻土埂比比有
之究於水勢不無妨碍查該民等所居棚舍為
費無幾本非戀土難移者可比自應多方勸導
俾未遷者逐漸移徙嗣後留心稽查永禁其在
河灘內搭蓋棚舍以期河道清釐至所種地畝
仍各聽其自便是既曉之以利害亦不强之以

所難於民心自可樂從而於河道即無虞佔碍

臣等惟有恪遵

聖諭不動聲色妥為經理以仰副我

皇上廑念河防奠安黎庶之至意所有遵

旨查明酌辦緣由謹合詞會摺具

奏伏祈

皇上睿鑒謹

奏

知道了

乾隆四十七年二月　十五　日

四七八

奏

河東河道總督臣韓鑅謹

奏為奏

聞事竊照曲家樓南岸開河築堤開工日期業經臣

會同撫臣富勒渾具

奏在案現在分投督催如式趕辦惟查各廳情形除在漫口下游之廳分一切防備各工刻下已飭令停止其上游黃沁上北下北上南下南五廳河身溜勢無大改移大汛經臨仍須加意修守而北岸尤關緊要上北土性純沙地多暗險下北內多臨黃險工地居曲家樓上游關係較重目下河水未長該廳銅瓦廂一工河勢兜灣溜勢上提已成入袖之勢埽根搜刷不時行蟄

臣細加履勘因下游北岸漫溢河勢側注偏趨
對岸灘嘴挺入河心河溜全趴埽前應於溜勢
趴進之處酌邁埽個以資挑護並於對灘切嘴
抽溝順勢利導以備水長開行現在飭令廳營
妥協辦理以期穩實其上南下南二廳各臨黃
埽工春修之後溜勢如常俱屬平穩所有現在
黃河各廳分別辦理及銅瓦廂水勢工程情形
理合恭摺奏
聞再查蘭儀工次五月十一日得雨甚久入土深透
並據開歸等府及東省兗泰曹州等府屬均報
初五六及十一日得雨二三四寸不等秋禾實
資濟益二進漕船至本月初八日止安慶後帮
入境連前共入東境三十九帮至初九日止鎮
海盧州江淮頭太倉後等帮過濟連前共過濟
寧二十五帮後帮銜尾前進合附具
奏伏乞
皇上睿鑒謹
奏

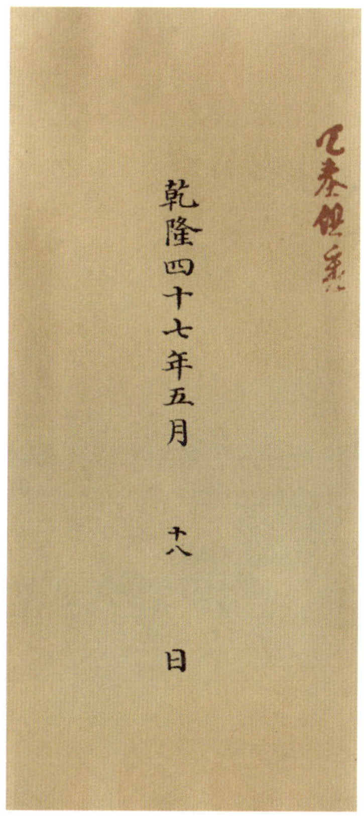

覽奏俱悉

乾隆四十七年五月　十八　日

四七九

奏

臣薩載臣李奉翰謹

奏為會勘黃河內沈家窑迤下淤灘酌量挑切展
寬以備暢注情形仰祈
聖鑒事竊臣等前將邳宿運河及駱馬湖六塘河等
處遵
旨廣籌洩水去路分別估辦緣由先後繕摺奏蒙
聖鑒并聲明邳宿以下黃河自沈家窑迤東至陶庄
河尾形勢全露乘此黃水未歸故道辦理較有
實濟容臣等履勘確估另行具
奏在案臣等即帶同淮揚道王問義叅將鄭永泰
等上下逐一察看查江南黃河自豫工掣溜以
後徐邳境內露出灘嘴以及高低不平之處均

已陸續挑切順勢抵宿以上河道本寛桃源境
内之臨河集一帶尚淺上年經
欽差太學士公阿桂會同臣等勘籌開挑引河形勢
暢順伏秋後黄水斷流露出淤灘又經臣薩載
奏明挑切并將河頭展挑現在寛深毋庸再辦惟
清河境内沈家窑迤下至陶庄新河尾為全河
要路近年河走沈家窑南岸其北岸淤灘寛濶
舊有之埽工漸次停淤祗以南岸土性堅寔未
能沖刷寛深上年經
欽差大學士公阿桂會勘就勢展挑南灘以期河身
舒暢大溜可以迅行東注乃過水未久上游漫
溢掣溜後該處水緩沙停灘形全露察看河身
尚窄必須量加展挑更為有益臣等測量靠北
嫩灘計長二百八十五丈寛自三丈六尺至十
八丈又河内露有磯心灘三處各長十丈寛三
五丈不等均碍水道應行挑除其沈家窪引渠
迤下河身窄處應將南岸灘長二百零五丈挑
切展寛五丈至十丈不等北岸灘長四百丈應

展挑牽寬二十丈則水歸故道可望暢達迅行至接連之陶庄新河形勢順直測量河底現在存水一丈四五尺較之上游河底倍深且該河自前年展挑後溜行北岸已成陡崖水勢至此不致格碍而河深溜急並可望其刷塌漸寬惟河頭順黃壩對岸灘嘴上年開挑沈家窑以後漸見刷塌茲一年未經行溜該處灘嘴又漸淤

務實力妥為之毋得有名無實

出除老灘外長有兩傍嫩灘測量計長一百五十九丈寬自三丈五尺至二十四五丈不等將來黃水下注到此坐灣河勢不暢且灘嘴挺入河心南岸順黃壩埽工恐致着重應將二層灘嘴全行切去既順其勢而新河頭益覺寬濶吸引較為直捷又該河下段峙家庄一帶北岸亦有淤灘一段量長五百二十二丈寬自四丈至二十七八丈不等并應挑切順勢以免斜逼對岸河尾埽工以上各段均應乘此黃水未歸故道赶緊辦理可收實效臣等勘定即督飭道將分晰確估共需土方銀二萬二千八百七十餘

兩賓屬費所當費現即派委妥員分段挑挖勒
限七月中旬全行完竣如此挑切展寬則上下
河身一律寬舒黄水更可暢達下注於全河大
局均屬有裨至陶庄新河以下清黄交滙河面
既寬東西壩洪湖清水下注又兼微山湖水由
運中河出楊家庄李家庄口門暢達會行東注

下游外河山安海防一帶河身經此清水汕刷
寔屬寬深直至海口毫無阻滯無可再為籌辦
所有臣等勘籌沈家窑迤東至陶庄新河應行
展挑情形理合詳晰繕摺由驛會
奏并繪圖貼説恭呈
御覽是否有當伏乞
皇上睿鑒訓示再臣等將黄運各河分洩事宜俱經
勘籌酌定次第興舉臣薩載在工督率道將等
往來查催赶辦臣李奉翰現赴上游將豐銅一
帶新挑之張家庄引河等工順道查驗即由徐
州欽遵前奉
諭旨仍回豫工會同料理另行奏

聞合併陳明謹

奏

依議另有旨 欽此

乾隆四十七年六月　初二　日

四八〇

奏

奴才富勒渾跪

奏為恭謝

天恩事竊奴才接閲邸抄欽奉

上諭據陳輝祖奏海塘頭圍開濬引河江潮暢順一

摺所辦甚合機宜可嘉之至海塘南岸淤沙綿亘

從前歷辦引河迄無成效陳輝祖能督率司道等

悉心講論辦理此段工程於南坍北漲之機切中

窾要將來魚鱗石工告竣可以永期鞏固此事陳

輝祖所見既確不待奏聞即督同屬員實力妥辦

在工人員亦皆能恊力襄事均應嘉奬陳輝祖著

復還總督原品頂帶其承辦此工之藩司盛柱以

下各官並著交部議敘所有開河工費仍准其作

正開銷至富勒渾前因王亶望案内降為三品職
銜加恩授為河南巡撫今兩載以來於辦理豫工
備夫集料諸事不辭勞瘁又李侍堯前經獲罪加
恩以三品職銜署理陝甘總督涖任以來於該省
折收冒賑全案徹底查辦不避嫌怨現在通省積
弊漸清不負朕棄瑕録用富勒渾李侍堯俱著復
還現任品級頂帶朕於諸臣功罪黜陟一秉至公
不存絲毫成見内外臣工宜各知懲勸努力辦公
毋負朕任使之意陳輝祖原摺發抄並將此通諭
中外知之欽此奴才當即恭設香案望
闕叩頭謝
恩訖伏念奴才滿洲世僕才質迂拙荷蒙
皇上豢養生成擢任封疆前因王亶望案内仰蒙
聖主矜全
賞給三品頂帶授為河南巡撫已出格外
恩施兹趕辦黄河北岸漫工備夫集料係奴才分所
當盡乃復蒙
天恩逾格給予奴才現任品級仍邀

寵錫
賞戴花翎凡此稠疊之
隆施實奴才夢想所不到聞
命自
天感悚無地奴才惟有勉竭血誠將地方河務一切
事宜實心實力辦理不敢稍有疎忽以期仰報
皇上曠格
鴻恩於萬一所有奴才感激微忱理合恭摺叩謝
天恩伏祈
聖鑒謹
奏
覽

乾隆四十七年六月 初三 日

四八一

奏

河南巡撫臣富勒渾跪

奏為遵

旨覆奏事六月初二日承准尚書額駙公福隆安尚

書和珅字寄内開欽奉

上諭昨阿桂前來熱河復命時面詢以現在所開引

河形勢據稱將來引河挑成開放時考城一縣濱

臨黃河四面受水現議遷移北岸等語此事係目

下急務該縣城池應於何處建立必須相度基址

早為籌畫然後可議遷移且現在該縣辦理地方

一切公務其官吏人等亦須安設廨宇積貯文卷

方為妥協富勒渾曾否於北岸距河稍遠地方勘

定基址預為籌辦何以尚未見該撫奏及著即傳

諭富勒渾令其迅速履勘辦理毋致臨事周章貽
悮將此由五百里發往欽此遵
旨寄信前來仰見我
皇上聖慮周詳先事預籌之至意伏查考城縣自乾
隆四十三年被水浸淹之後官吏書役俱移至
大堤根下高阜處所搭盖房屋居住監獄人犯

寄禁商邱縣監儀封一縣城垣四面水環亦多
被冲傾圮頻年大工興作未經修復上年堵築
青龍崗漫工時臣與藩司李承鄴籌商修建因
查北岸西自封邱東至曹縣一百五十餘里相
距遥遠其間俱係儀考所轄地方而儀考二縣
又在黄河南岸每遇伏秋大汛傳集人夫搶險

防守鞭長莫及呼應不靈且北岸所管村莊段
落一切户婚田土等事往來渡河多有未便擬
將兩邑中酌留一邑駐於南岸儀考之間將儀
考南岸村莊田畝劃歸南岸知縣管轄一邑移
駐北岸封邱曹縣之間將儀考北岸村莊田畝
統歸北岸知縣管轄一轉移間祇須將民數田

畝冊籍彼此撥換小民毋庸遷徙辦理甚易且
兩縣所管之南北兩岸堤工上下遠近適均聲
氣聯絡一切協防更得迅速周咨商之大學士
公阿桂亦以為自應如此籌辦嗣因復請改築
南堤形勢各別未及具
奏茲自五月十二日開工後兩旬以來查分段落

齊集人夫漸漸就緒而考城縣濱臨大河誠如
聖諭改移為目下急務臣隨將考城儀封二縣應須
分設兩岸之處與藩司道府復加熟商查北岸
臣等原查有張村集在封邱曹縣居中處所人
烟輻輳地勢高廠擬將考城縣移駐於此既與
曹儀廳相近又離銅瓦廂不遠一遇大汛就近

協同廳員防守最便而催科聽訟易得料理惟
查儀封縣地本低窪城垣既多坍卸現又逼近
新堤將來修建自應另勘商儀適中之處擇其
高寬地面以籌改建使上下接連呼吸相通以
為一勞永逸之計除督飭藩司道府親詣各處
詳細履勘務期籌酌盡善另行繪圖貼說奏請

訓示外所有現在遵
旨籌辦及從前未及具
奏緣由謹恭摺由驛先行覆
奏伏乞
皇上睿鑒謹
奏

知道了，即應妥籌辦理

乾隆四十七年六月　廿五　日

四八二

奏

江南河道總督臣李奉翰謹

奏為查驗張家莊引河工程奉到
諭旨恭摺覆奏仰祈
睿鑒事竊臣前因履勘沈家窑迤東至陶莊新河内淤灘應行挑切並分晰確估派委興工緣由會同督臣薩載恭摺奏蒙
聖鑒在案臣即於初六日由黄河南岸沿堤查勘赴徐所有下游之桃源邳宿一帶河身應行疏濬之處俱經次第具
奏興辦將來河歸故道自可一律暢達無虞阻滯至潘家屯迤東之張家莊現開引河原為多籌分洩湖水以減盛漲查堤内自張家莊起至陸

家樓止所挑引渠順勢引水南注堤外自李家
瓦房起至張家莊堤根止接挑引河一道計長
一千二百七十丈前經臣等派員分段集夫興
挑臣至徐赴工查驗堤內灘勢稍低挑挖較易
引渠工程已竣現在起除埂界堤外引河工段
寬深各該員儹辦工程已有七八分不等臣當
即嚴飭道府等督率承辦各員弁晝夜儹挑以
期迅速蕆事臣於十三日承准
廷寄奉
上諭據薩載李奉翰奏會勘黄河內沈家窯迤下淤
灘酌量挑切展寬一摺所稱順黄壩對岸灘嘴上
年開挑沈家窯以後漸見刷塌兹一年未經行溜
該處又漸淤出除老灘外長有兩層嫩灘計長一
百五十丈寬自三丈五尺至二十四五丈不等請
將二層灘嘴全行切去等語此處所奏殊未明晰
摺內既稱上年伏秋後黄水斷流何以披閲圖內
黄河正身仍復有黄水流注且兩岸長起嫩灘若
係客水何又挾沙而行聲叙未免牽强著薩載再

將黃水斷流後何以又有淤出嫩沙之處另行詳
晰查明據實覆奏等因欽此並會勘沈家窑工程
摺内該處灘嘴又漸淤出除老灘外長有兩層
嫩灘句旁奉
硃批此處所奏未明另有旨諭欽此臣跪讀之下仰
見我
皇上至聖至明無微不燭臣查順黃壩對岸灘嘴上
年開挑沈家窑之後本末汕刷淨盡其時黃水
滿槽灘形未顯而自上游漫溢以後沙停水涸
灘勢全露嫩淤層見疊出其實該處本有之灘
並非掣溜後新長之灘臣等前摺未將原委聲
敘明晰至現在河身祇存清水流注圖内又未
經聲說仰荷
聖主垂詢不勝惶悚臣即將奉到
諭旨並
硃批奏摺一併飛洛督臣薩載詳晰查明具摺覆
奏外臣查徐屬連次得雨微山湖水已長一尺三
寸目下正當大雨時行東省湖水恐有日增之

勢潘家屯現在過水二尺六寸而現挑之張家
莊引河分減去路形勢最為直捷頗關緊要必
須速竣速開於宣減機宜方屬有益臣現在上
緊督催儧挑尅期竣工一面知會督臣薩載相
度開放臣即遵
旨馳赴豫省料理一切不敢遲緩所有臣在工接奉
諭旨緣由理合恭摺由驛覆
奏伏祈
皇上聖鑒謹
奏
已奉俱悉
乾隆四十七年六月 十四 日

奏

署理兩江總督臣薩載謹

奏為欽奉

聖諭恭摺覆奏事竊臣接到河臣李奉翰札知六月

初二日會

奏勘籌黄河内沈家窑迤下淤灘酌量挑切展寬

以備暢注情形一摺奉到

硃批餘皆妥協應辦欽此摺内順黄壩對岸灘嘴應

行挑切句上奉

硃批此處所奏未明另有旨諭欽此並接尚書額駙

公福隆安尚書和珅寄字内開乾隆四十七年

六月初九日奉

上諭據薩載李奉翰奏會勘黄河内沈家窑迤下淤

灘酌量挑切展寬一摺所辦尚屬妥協已於摺內
批示惟摺內所稱順黄壩對岸灘嘴上年開挑沈
家窑以後漸見刷塌兹一年未經行溜該處又漸
淤出除老灘外長有兩層嫩灘計長一百五十丈
寬自三丈五尺至二十四五丈不等請將二層灘
嘴全行切去等語此處所奏殊未明晰摺內既稱
上年伏秋後黄水斷流何以披閲圖內黄河正身
仍復有黄水流注且兩岸長起嫩灘若係客水何
又挾沙而行聲叙未免牽强著薩載再將黄水斷
流後何以又有淤出嫩沙之處另行詳晰查明據
實覆奏至李奉翰現赴上游一帶新挑張家庄引
河順道查工即遵旨回豫會同辦理挑挖南岸引
河及築堤等事自應如此料理現在豫工赶挑引
溜工程甚屬緊要富勒渾又有地方事務不能專
心在工督辦而李奉翰於河務工程較為熟諳目
下南河有薩載在彼無需李奉翰協助此時馳回
豫工會同富勒渾等指示正多得一人佽助之益
將來設使洪澤湖遇有要工搶護之處李奉翰再

往南河督辦亦無不可將此由五百里傳諭薩載

李奉翰知之欽此河臣李奉翰於途次奉到敬謹

拆閲寄送前來臣跪讀之下仰見

聖訓周詳無微不燭伏查順黃壩對岸灘嘴本係兩

層上年開挑沈家窑以後溜勢暢注該處嫩灘

嘴漸見刷動若冲刷一二年即可刷至老灘乃

行溜未久上游邳睢魏工并豫省青龍岡先後

漫溢初雖掣溜尚未斷流黃河水勢平緩該灘

以外仍復停淤迨斷流後水勢日漸消落該處

又露出嫩灘兩層此係水落灘現並非客水挾

沙所致查長河上游兩岸凡有露出灘嘴臣與

河臣往來查勘業已先後

奏明挑切順勢茲沈家窑以下河身窄處又經

奏請挑挖所有順黃壩對岸灘嘴亟應乘此水落

顯露之時一律挑除庶黃流復故溜勢至此免

向南岸坐灣有碍順黃壩埽工且去此灘嘴陶

庄新河頭益覺寬濶汲引較為直捷至黃河正

身仍復有水之故係因豫省前次合龍由正河

下注曾長過清水數尺又開放潘家屯幷蘇家
山引河及十字河臨黄壩等處分洩入黄是以
黄河中泓有水流注未致乾涸而陶庄新河北
上游河底較深水勢至此又為清口幷中河兩
股水勢滙注頂阻蕩漾是以新河現存水深有
一丈四五尺不等惟水無溜勢不能刷動淤灘
故順黄壩對岸灘嘴必得挑切順勢以備黄水
復歸故道暢達無阻臣等前摺内均未分晰聲
明致厪
聖懷上煩
垂詢理合詳晰查明再行繪圖粘簽據實繕摺由驛
覆
奏至河臣李奉翰勘過徐屬張家庄開挑引河工
程由徐馳回豫工料理所有南河一切事宜臣
現在工次往來查勘督屬妥辦合幷陳明伏乞
皇上睿鑒謹
奏

乾隆四十七年六月　十七　日

四八四

奏

漕運總督臣鄂寶謹

奏爲欽奉

上諭事本年九月二十四日准巡視東漕内閣學士

臣毓奇來札内稱九月十九日面奉

上諭近日江西贛州幫船行至獨山湖黑夜猝值風

雨沉船一十二隻淹斃人口二十三名口甚屬可

憫此係鄂寶專責着傳諭鄂寶妥爲撫卹欽此仰

見我

皇上加惠旗丁無微不至伏查此案淹斃人口前於

具

奏情形摺内業經聲請查明照例撫卹並即飛飭

江西糧道查辦在案兹據查覆前來臣查大江

黃河糧船遭風漂沒淹斃正丁例給祭塟銀五
十兩其副丁頭舵水手例給祭塟銀二十五兩
如正副旗丁無妻子親屬收受者照例給奠銀
二兩其丁舵之親屬及看艙火夫人等例無賞
卹今贛州幫謝徐一等漂沒十二船淹斃男婦
二十三名口內除火夫李梅賢等十六名口例（俱加恩予以卹賞之）
無賞卹外其淹斃頭工范德富水手項文秀張
文舉張士李永元牛友三余學志等七名應請
照例每名賞卹銀二十五兩以示優卹但查范
德富等並無親屬在幫除飛飭江西糧道查明
有無親屬照例分別給予並將動支銀兩造冊
呈送咨部察核外理合恭摺具
奏伏乞
皇上睿鑒謹
奏

知道了

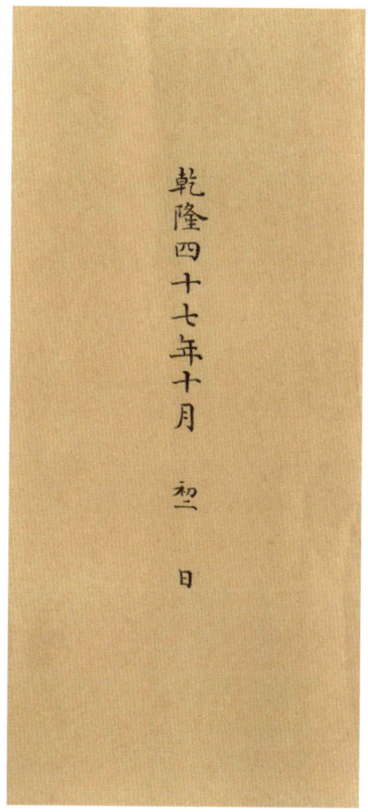
乾隆四十七年十月　初二　日

四八五

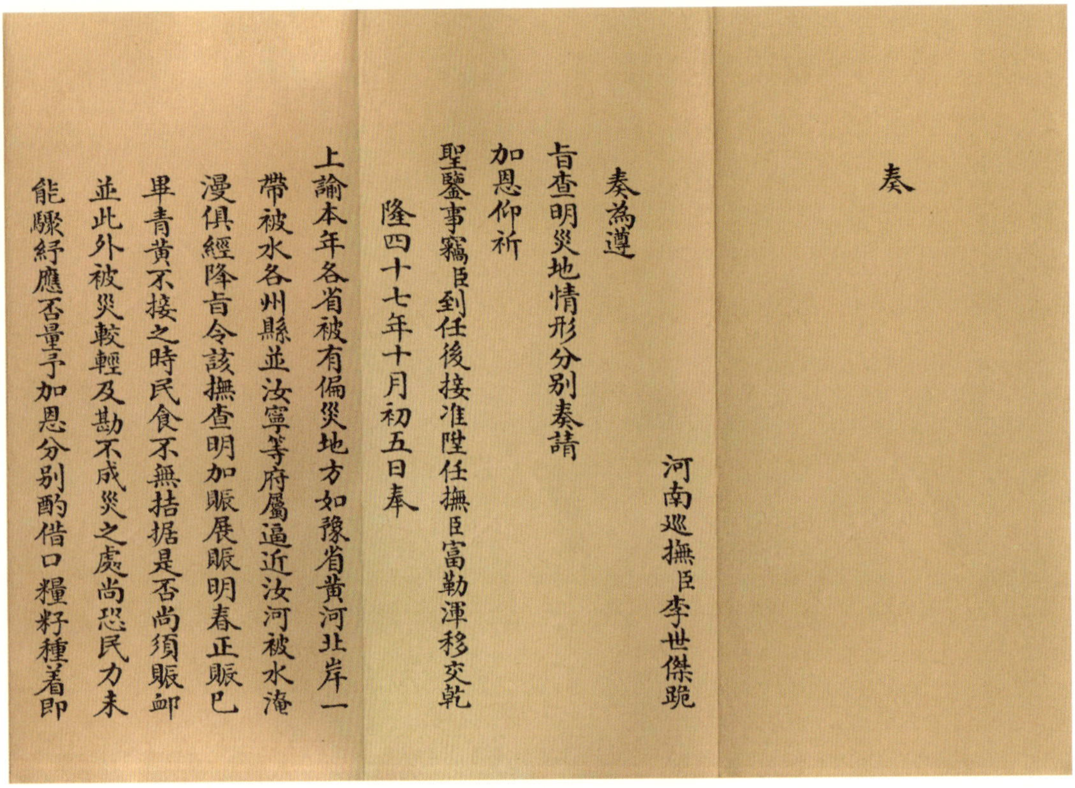

奏

河南巡撫臣李世傑跪

奏為遵

旨查明災地情形分別奏請

加恩仰祈

聖鑒事竊臣到任後接准陞任撫臣富勒渾移交乾

隆四十七年十月初五日奉

上諭本年各省被有偏災地方如豫省黃河北岸一帶被水各州縣並汝寧等府屬逼近汝河被水淹浸俱經降旨令該撫查明加賑展賑明春正賑已畢青黃不接之時民食不無拮据是否尚須賑卹並此外被災較輕及勘不成災之處尚恐民力未能驟紓應否量予加恩分別酌借口糧耔種着即

一併查明據實覆奏候朕於新正再降諭旨將此
由四百里諭令知之欽此當經札行藩司李承鄴
欽遵詳查去後茲據該司詳覆前來臣查上年
黃河北岸青龍崗漫口儀封考城陳留三縣河
北地畝不能耕作仰蒙
皇上軫念民依撫卹加賑本年春月復蒙
恩賑五月内又欽奉
恩旨無論極次貧民展賑三個月遵辦在案今復
降旨令臣查明是否尚須賑卹據實覆奏仰見
天恩稠疊
廑念災黎至意伏查北岸漫口尚未合龍現在南岸
築堤挑河以工代賑貧民正得藉資餬口惟是
明春工竣之後距麥收尚遠民食未免拮据相
應請
旨將儀封考城陳留三縣北岸無論極次貧民再行
賞賑兩個月以廣
皇仁至於汝寧等府州屬本年被災各邑臣與藩司
李承鄴悉心確核每縣之中均係偏災前經勘

明除成災五分之確山西華扶溝三縣被災較
輕只令借給籽種原未請卹外其餘汝陽上蔡
正陽新蔡西平遂平淮寧商水項城沈邱臨潁
襄城郾城等十三縣雖俱成災六七八分不等
先已奏蒙
聖恩撫卹加賑復給坍房修費臣自楚入豫留心察
看經由被災地方各村庄目擊羣黎無不歡欣
鼓舞感沐
聖慈現在二麥全行播種均已出土長發夏收有賴
應請毋庸再行加賑惟於明春青黄不接之時
酌量糶借倉穀足敷接濟所有遵
旨查明黄河北岸及汝寧等府州屬災地情形分别
據實覆
奏伏乞
皇上睿鑒謹
奏

連時有旨

乾隆四十七年十月二十六日

四八六

奏

臣薩載臣李奉翰謹

奏為遵

旨會勘徐屬黄河兩岸来春應修埽壩等工分别緩

急核實撙節辦理仰祈

聖鑒事竊臣等前准尚書額駙公福隆安尚書和珅

寄字内開乾隆四十七年十一月十三日奉

上諭據李奉翰奏豫省堤河各工已竣所有江南徐

屬應行春修各工必須早為估辦實力興修擬即

啟程回江親往各工詳細查驗等語近經薩載廻

奏今年不當有許多奏銷之摺稱徐屬各廳今春

因屢得豫工合龍之信兩岸埽壩桃汛以前即行

鑲做堅實以備抵禦等因朕以此項經費果係實

用自應准其開銷但兩岸堤工既係新經鑲做則
明歲黄流歸復故道時自毋庸更事修築等語曾
經傳諭薩載知悉矣何以李奉翰今又有徐屬應
行明春各工必須早為估辦之奏此必係河工廳
汛各員并藉端朦混希圖浮冒開銷李奉翰未能
覺察受其欺朦不可不留心查訪如果該處各工
有必須勘辦興修之處是又與薩載近奏不符矣
著李奉翰會同薩載詳悉親勘查明引此旨據實
覆奏將此由五百里傳諭李奉翰并諭薩載知之
欽此臣李奉翰在豫督辦堤河工竣當將現往
徐州一帶會同臣薩載逐段履勘嚴查核辦緣
由先行繕摺覆
奏臣李奉翰自豫回徐臣薩載亦自清江迎赴徐
屬公同挨廳查勘正在籌酌間臣李奉翰前奏
奉到
硃批所奏尚屬含糊河官賴河工以為生自不應太
緊亦不應太寬餘有旨諭欽此并接
廷寄内開乾隆四十七年十一月二十四日奉

上諭據李奉翰覆奏江省徐揚兩屬八廳內臨黃埽
壩工程六十餘處每廳不下數百段每歲於十月
後各廳營擇要估報覆勘確核始行飭屬動料興
修等因一摺所奏尚屬含糊已於摺內詳晰批示
河工員弁向藉歲修工程稍沾餘潤為資生養贍
之計其中不無浮冒開銷若將一切勘辦興修工
程概行核減裁抑持之太緊要工恐不無遲悞但
使一任不肖工員藉端浮冒則徒糜歲修之費而
於應辦要工究無實際尤於修防大有關係不可
不嚴加查核李奉翰身任南河總督於一切應辦
工程當隨時核實勘估務使帑不虛糜工歸實用
毋任工員藉端浮冒方為不負委任將此由五百
里傳諭并令薩載知之欽此臣等跪讀之下仰見
我
皇上至聖至明無微不燭臣李奉翰職任河防臣薩
載有兼管之責敢不凛遵
聖訓核實勘估伏查黃河各廳兩岸迎溜頂冲埽壩
每一工不下數十段以一廳所管各工合計則

有數百叚每年霜降水落原係擇要勘估春融
修整以備桃伏秋三汛抵禦本非一律辦理今
春因屢得豫工合龍之信將兩岸埽壩擇要修
整伏秋黄水雖未下注而開放潘家屯張家莊
蘇家山水線河并十字河之臨運壩河北鎮之
顧家莊各引河分洩微山湖及運中河之水入
黄黄河上下水深丈餘至二丈不等七月内據
陞任淮徐道何裕城將兩岸各工應行加鑲并
修做防風估幫壩臺勘估開揭具禀當經臣薩
載督令大加删減續據分别緩急減定惟將必
應鑲做防風及加高者每廳每工擇其至要之
三五叚及七八叚十餘叚不等搶修完竣餘俱
飭令緊枕搪護列為緩修再看情形酌辦在案
迨八月以後上游湖水驟漲兼之異常風暴幸
得藉資抵禦令水勢消落臣等凜遵
聖訓詳加察看本年已修各工現在高出水面數尺
至丈許不等尚俱完整迥非往年經過黄流蟄
塌者可比此等工程自可毋庸再為修做惟未

經修做各段内有為清水搜刷埽底空虛向外
垂蟄或較别段卑矮者分别拆修加鑲詳細勘
籌撙節確估一俟春融督令各廳赶緊收拾務
於豫省放河以前一律完整以備黄水歸復故
道以資抵禦其餘再看水勢大小臨時相機修
辦臣等逐廳減定指示辦理實屬修所當修此
外可緩段落概行停辦其下游揚屬之外河山
安海防臨黄各廳雖為衆水滙歸入海要路此
時水勢尚大而明歲春工亦不容其稍有冒混
臣等現在一體核實估辦總之臣等受
恩深重稽查工料是所專責即各廳員仰蒙
皇上給以養廉經費足資養贍亦應各具天良實心
辦事但其中賢愚不等誠如
聖訓難保無藉端開銷之弊臣等惟有隨時嚴加查
勘核實督辦務期帑不虛糜工歸實在俾應修
要工不致貽悮而歲修之項亦不致稍有糜費
以仰副
聖主諄諄訓誨之至意所有臣等會勘徐屬黄河兩

岸埽壩分別緩急核實撙節辦理緣由理合恭
摺覆
奏再臣等勘工回浦臣薩載現在另摺奏請
陛見將江南河道總督關防於十二月初三日交臣
李奉翰接受另行恭疏
題報合并奏
聞伏乞
皇上睿鑒謹
奏
知道了
乾隆四十七年十二月　初三　日

四八七

奏

兩江總督臣薩載謹

奏為南河北岸臨黄各水口一律堵閉完固情形

仰祈

聖鑒事竊照江南黄河北岸通連微山湖及運中河

一帶上年經臣與河臣李奉翰遵

旨酌籌先後將潘家屯張家庄蘇家山水線河并十

字河顧家庄河北鎮等處開放分洩入黄均屬

暢達令豫省南岸引河告成

欽差大學士公阿桂會同河撫諸臣商酌擬於清明

前開放導引黄流順軌下注河臣李奉翰與臣

督飭南河各廳營將北岸各水口興工堵築業

經臣於督辦各廳春修工程摺内聲明奏

聞在案嗣據各廳營陸續禀報潘家屯張家庄以及
蘇家山之水線河十字河之臨運臨黄各壩均
經堵築堅實惟中河顧家庄一處口門較寬相
距臨黄之河北鎮口門亦近洩水本暢口門收
窄溜勢愈覺湍急堵閉稍難經臣嵩委淮揚道
師彦公淮徐道劉錫嘏河營叅將鄭永泰駐彼
督率中河桃源廳營各於金門下埽分投儹堵
兹於二月二十九日將臨運臨黄兩處壩工俱
已一律堵合斷流現各追壓以期到底并接手
趕辦内澆土戧外廂防風可期堅實穩固此外
黄河兩岸春修埽工亦俱廂做完整足資抵禦
豫省如期放水下注自可循軌暢達歸海至目
前微山湖洩下之水統歸運中河不無稍長上
年經
欽差大學士公阿桂會同臣勘籌預將運河北岸增
挑引渠三處并因劉老澗閘底較高復於閘旁
開挑引渠一道滙入閘下引河均歸駱馬湖六
塘河分洩去路甚暢是以中河内自顧家庄堵

閉後僅長水二尺餘寸不致盛長其海州境内漣河展挑寬深各工現據具報已有九分工程日内即可完竣下游添一分洩之路歸海又必迅速若上游豫省黄水歸復故道則微湖運河之水更必日漸消落臣現在確探一俟黄河水頭下注再行星馳奏

聞仰慰

聖懷所有南河北岸臨黄各水口一律堵閉完固預備黄河歸復故道情形理合繕摺由驛具

奏伏乞

皇上睿鑒謹

奏

已阿桂已奏黄河歸故道何尚未到江南境乎

乾隆四十八年三月　初二　日

四八八

奏

兩江總督臣薩載謹

奏為恭報黃河水頭入境日期幷加長情形仰慰

聖懷事竊臣前將江南黃河北岸各水口堵閉完竣

以備黃水歸復故道緣由繕摺由驛具

奏後旋接河臣李奉翰札知豫省大河溜勢全趨

南岸直逼引河頭定期三月初一日開放引河

等因臣隨又飛飭河工地方各員一體防護探

報去後茲據淮徐道劉錫嘏幷豐碭廳營等稟

報黃河水頭於三月初四日寅時入江南碭山

縣境黃河中泓先長水三尺二寸至巳刻復長

黃水二尺二寸連前共長水五尺四寸水面寬

一百餘丈流行迅速仍在加長等情前來臣查

黃水旣已入境南下則豫省開放引河業已成
功從此黃流歸復故道順軌東趨安瀾永慶不
勝欣忭之至除督率南河各道將廳營上下巡
查加謹防護仍俟長河水勢一律加長後再行
馳
奏外所有黃河水頭入境日期幷加長情形理合
繕摺由驛奏
聞仰慰
聖懷伏乞
皇上睿鑒謹
奏

欣慰覽之但河務善後事宜尚爲緊切

乾隆四十八年三月　初六　日

四八九

奏

署理河東河道總督臣何裕城跪

奏爲遵

旨據實覆奏事乾隆四十八年三月初四日承准尚

書額駙公福隆安尚書和珅字寄内開乾隆四

十八年三月初一日奉

上諭據何裕城奏河湖水勢情形及南漕首幫入境

日期摺内既稱應辦縴道查催督辦計日内均可

全竣無悞運行又稱刻下韓莊閘座尚在漫水中

漕船北行難由閘門前進等語韓莊一帶堤岸既

經涸出添修粘補普律完工足資通縴何以又須

鳩工集料於湖廣採辦木植趕運興修未免張皇

糜費且所稱閘座尚在漫水淹浸漕船北行難由

閘門前進與前無悞運行之語不符著傳諭何裕
城據實覆奏勿稍廻護再摺内稱東坡入口之處
水勢已淺恐重運經行致多阻擱應改從正河北
上等語是獨山湖之水已日就減落而微山湖水
勢尚未大消是否尚可將微山湖之水設法宣洩
俾得暢消之處並著何裕城一面勘估興工妥辦
一面奏聞以利重運以上情形著該總河等酌量
辦理總之大工告成在即則河湖水勢自歸故道
原不在斤斤補救為也將此由五百里傳諭何裕
城並諭阿桂等知之欽此臣跪讀之下仰見我
皇上廑念河漕無時或釋之至意伏查濟寧以南至
臺莊計程三百四十里上年盛漲時微山湖水
長至二丈五尺有餘兩岸隄工盡被淹没且因
浸泡兩年之久歷經風浪盪刷其蟄卸之處愈
形卑矮以致隄頂積水愈深現今湖河水勢雖
已漸消隄面亦漸多涸露而總計露出之處尚
不過十分之二三且每段必有殘缺水口未能
一律相連至自韓莊至郗山四十餘里多係大

石隄工又自珠梅至棗林八十餘里盡係排樁
碎石工程因該二段地形更窪尚與獨山微山
等湖連成一片刻下豫工告竣來源既截運河
各隄工次第涸出先行勘估一俟水勢大落即
可趕緊興修至臣前摺中所稱添修粘補之縴
道現已全完者則係因南漕將至循照上年所
辦之例除湖河相連處所預備引縴船隻外其
漫水尚淺及隄與水平之處祇於隄頂之上分
別估用柴土量加填墊並於各水口修補橋梁
祇期足通縴挽而止先經臣會同巡漕臣毓奇
撫臣明興於正月十四日酌看情形
奏明估辦其所需工費止照上届動用一半計銀
九千餘兩業於頭帮抵境之時陸續催修完竣
臣因即於南漕首帮入境時附摺具
奏未經將該工祇係於水面浮修通縴其過身隄
岸尚未能即時勘辦之故確切聲明實深惶悚
現在運河内隄岸閘壩既須俟全行涸出時逐
一興修而大石排樁等工多有殘損坍塌亦亟

應細加勘查及時估辦以復蓄洩舊制其所需
各項料物已酌量預行購辦庶將來不致停工
以待但隄岸綿長工程較大必須撙節確估以
杜虛浮臣惟有凜遵前奉
諭旨俟大學士公阿桂到東會勘估計竭力儹辦務
期無悞再查韓莊以南縴路橋梁現已可通挽
拽其韓莊以北即係郗山正河近連微山湖之
處是以韓莊閘背現尚漫水南來漕船必須從
月河前進方為穩速臣前摺內所稱東坡水淺
請亦照獨山湖一帶改從正河行走者亦即在
此處現在微山湖水勢雖較之獨山湖所消之
數不甚懸殊而湖水現深一丈八尺以外較定
誌一丈一尺尚多七尺有餘大石隄工未得全
行涸露以致仰煩
睿慮至該湖宣洩之路查東省伊家河現在出水通
暢此外實無可另籌宣洩其江境尾閭去路臣
商之江南河臣李奉翰亦稱現經次第辦竣足
資宣洩今黃河大工告成下游水勢自歸故道

誠如
聖諭不在斤斤補救為也臣緣欽奉
諭旨查覆理合據實陳明斷不敢稍存廻護之見謹
繕摺覆
奏伏乞
皇上睿鑒訓示謹
奏

知道了

乾隆四十八年三月　十一　日

奏

江南河道總督臣李奉翰謹

奏為順勘黃河工程水勢情形仰祈

聖鑒事竊照江南黃河地處下游兩年來凡河身淤淺之處及露出灘嘴節經督臣薩載隨時勘估屢次挑切以期寬深順勢今黃水復歸故道必須上下相度溜勢之趨向預為防範臣自豫省蘭陽新河一帶查勘回南督同總兵銜左營副將李永吉上由虞單交界至清口一帶沿河探量黃河水面寬九十餘丈至一百三四十丈不等水深一丈一二尺至一丈四五尺不等一律深通流行迅疾毫無阻滯大溜仍循舊軌東注惟豐碭北岸石林地方從前溜走中泓二十年

来舊工淤閉今黄流下達溜勢稍向北趨現在尚存灘面三十餘丈恐將来或致生工臣已飭令該管廳員運貯料物以為有備無患之計其餘形勢如常並無改易至外河順黄壩南岸一帶乾隆四十六年六月内大學士公阿桂覆奏河工圖内於

御椿亭之西仰蒙

皇上硃筆點記飭令詳加籌畫當經臣與督臣薩載

會同履勘

奏請在於該處築做磨盤大壩以資挑護奉到

硃批此非目前急務矣俟新工合龍後妥為可耳欽此欽遵在案今黄水下注溜勢仍由西南坐灣

臣到彼察勘現在塌崖自應在於該處用柴土鑲做磨盤壩工使河勢不至卧進有碍木龍既可保護南岸灘崖又可挑溜東趨寔屬兩有裨益現已督飭道廳確切估計造冊具詳核寔興辦所有臣順勘黄河工程水勢情形及外河估辦磨盤壩工緣由謹會同督臣薩載恭摺具

奏伏乞
皇上聖鑒謹
奏
好知道了

乾隆四十八年四月　初　日

四九一

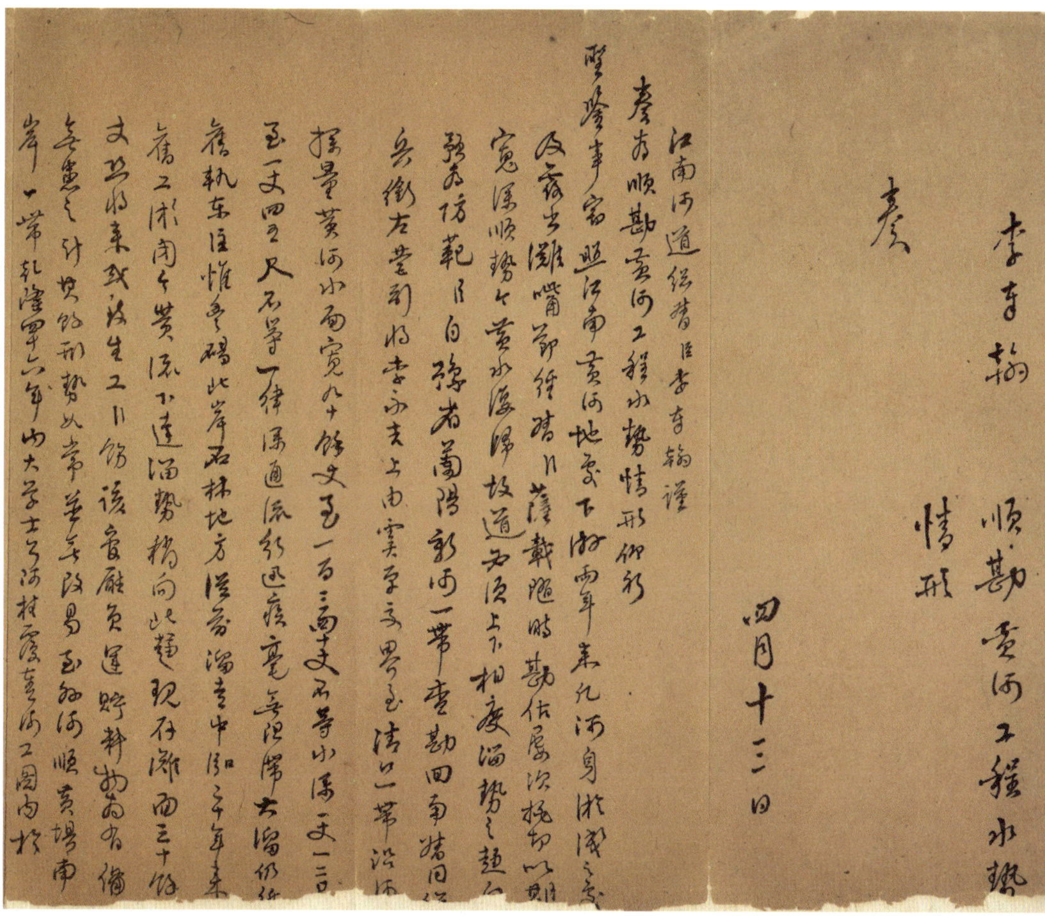
李奉翰
順勘黃河工程水勢
情形
奏
四月十三日

江南河道總督臣李奉翰謹
奏爲順勘黃河工程水勢情形仰祈
聖鑒事。竊照江南黃河地處下游，每年桃汛[illegible]
及交出湖嘴節候，[illegible]
寬深順暢，俾黃水[illegible]歸故道，必須上下相度溜勢之趨向
預爲防範。臣自豫省[illegible]新河一帶查勘回南，[illegible]
兵備右營副將李永吉[illegible]至清口一帶沿河
探量黃河水面寬八十餘丈至一百三四十丈不等，水深一丈一二
至一丈四五尺不等，一律深通，流行迅疾，毫無阻滯[illegible]
[illegible]北岸石林地方[illegible]中泓，今年來
[illegible]黃流水[illegible]溜勢稍向北趨，現在漲水三十餘
丈，[illegible]已飭該廳員運料趕辦，[illegible]
[illegible]
岸一帶乾隆四十六年內大學士阿桂[illegible]河工圖內於

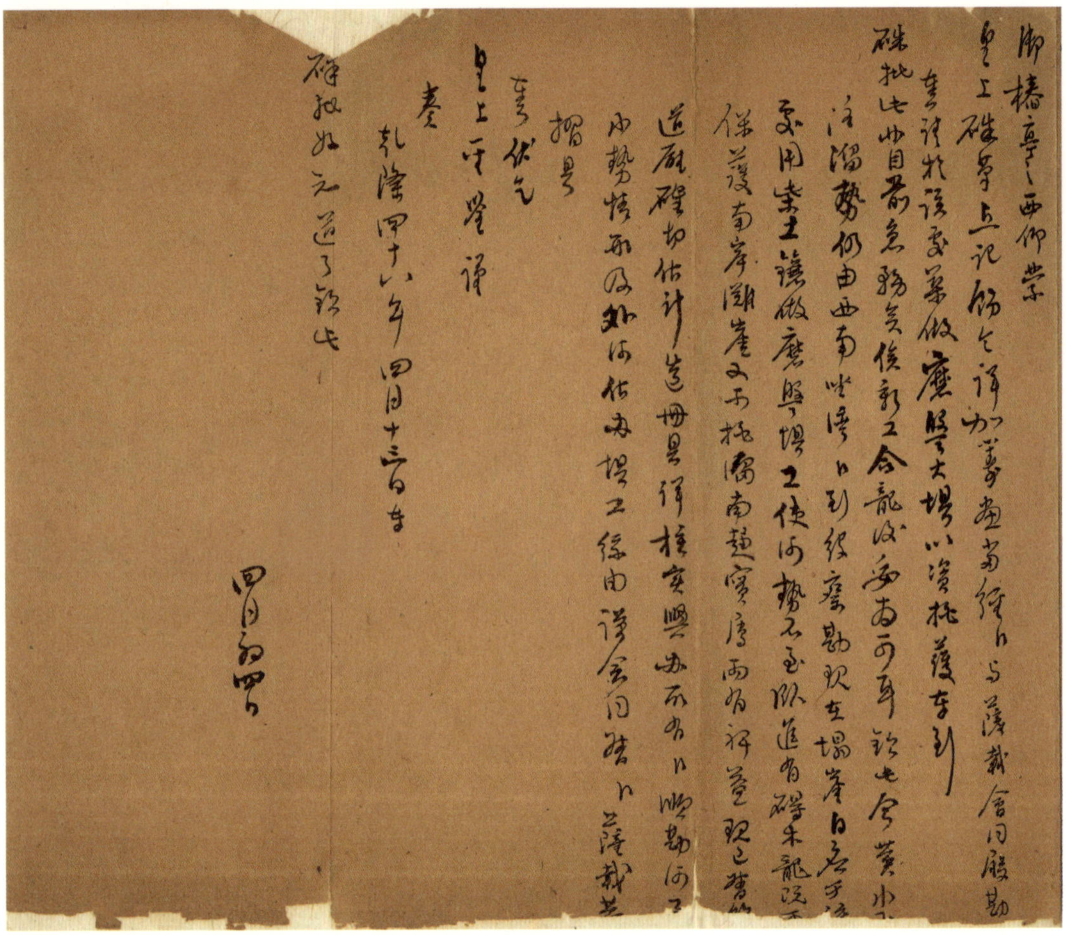

四九二

奏

江南河道總督臣李奉翰謹

奏為黄運河湖水勢長落情形仰祈

聖鑒事竊臣自豫回南沿途順勘徐屬各廳工程水
勢情形業經恭摺奏

聞在案兹查四月初旬以来各處水勢有長有消黄
河内徐城誌椿長水一尺一寸連前長至五尺
四寸流行迅疾形勢如常前歲去年挑濬之臨
河集沈家宝等處河身河底俱屬暢順並無阻
碍兩岸埽壩工程預修堅實一律鞏固間有溜
勢偏趋上提下坐之處督飭道將廳營往来查
勘留心巡防隨時相機鑲護平穩洪澤湖内上
承淮河之水本年長發較早據正陽關委員揌

報三月十九日起長過水五尺六寸下注洪湖高堰誌樁亦長水一尺二寸連前長至三尺八寸清口出水甚暢抵至彭家馬頭迤下會黃歸海其邳州宿遷一帶運河減淺東省湖河來水甚關緊要運河西岸歸入黃河各口門黃水歸復故道之後俱經次第堵閉全賴駱馬湖六塘河等處分洩查運河東岸舊有王家溝柳園頭竹簍壩軋車頭萬莊馬莊等六處閘壩去冬湖水高於運河水面數尺今春陸續消退漸次相平先將各閘壩相機啟放前月至今河水已高於湖面數寸復將新挑之傅家房張家房時家房等處引渠先後開放使運河之水分路洩入駱馬湖下注六塘河歸海日來邳宿運河又消水七寸其駱馬湖內自海州之連河於三月十九日開放後湖水又消九寸臣察看江南河湖之水日漸消落則東省湖河之水可期早符定誌臣惟時加留心較量相機料理務令各水口宣洩暢達以期上慰

聖懷至本年重運漕船過淮較早現在渡黄北上者
已有二千八百餘隻邳宿境内遄行迅速毫無
遲滯再臣查勘工程經過所屬地方見麥苗現
在秀齊成熟所種䅟粮出土茂盛各集市粮價
亦平其被灾之區仰蒙
恩旨賑恤有加窮黎莫不歡欣鼓舞感頌
皇仁民情安帖理合一併奏
聞伏乞
皇上睿鑒謹
奏
乙覽悉
乾隆四十八年四月　十九　日

四九三

奏

河南巡撫臣李世傑跪

奏為敬陳隄河現在情形仰慰

聖懷事竊臣於十四日自省起程由蘭陽工頭歷至商邱工尾查得新築南隄已據各工員趕築隄身與子堰一律寬平現俱完竣隨令各員多積土方稭料堆貯各段内以防備伏秋大汛之需其漫灘之水流至隄根之處俱經酌量水勢深淺分别鑲做防風埽枕足資抵禦又查黄河大溜注入新河中泓水勢極為暢順河頭河尾兩岸均有塌寬之處其河頭兩岸展寬二十丈河尾開挖川字溝亦已分頭趕辦月内均可蔵事蘭陽十二堡新做大壩極屬穩實洵足上慰

慈懷臣仍俟河臣何裕城到豫後再與悉心籌酌如
有應辦事宜隨時會議
奏明辦理不敢稍有怠忽再臣所過祥符陳留蘭
陽睢州寧陵商邱考城儀封各邑地方見二麥
已經結實詢之各鄉農民咸稱今歲二麥收成
可得八九分不等察看輿情均欣色喜實有
恬熙景象謹附摺陳明伏乞
皇上聖鑒謹
奏

覽奏俱悉已用四百里諭旨速行知矣

乾隆四十八年四月　二十　日

四九四

奏

江南河道總督臣李奉翰謹

奏為黃河水長溜移相機鑲護平穩情形仰祈

聖鑒事竊照江南黃河地處下游河形窄狹今歲黃流歸復故道恐大汛水長時溜勢或有改移必須留心防範先事綢繆臣於四月內自豫囬江沿途察勘河溜趋向情形見豐碭北岸石林地方河勢生灣溜往北趋止存灘寛三十餘丈即慮生工當經飭令該管廳員運貯料物以為有備無患之計並經恭摺奏

聞在案茲查前月以來黃水漸次加長該處大溜趋逼刷灘迅速情形吃緊臣隨督令道將廳營一面備藁壩臺加帮裡戗一面赶緊開槽預備下

埽旋即溜勢刷至堤根半月内已接續做成新
埽七十餘丈赶緊追壓到底一律鑲做堅實現
在埽外水深二丈五六尺至三四丈不等臣上
下相度大勢已定專委總兵衔副將李永吉在
工督辦所做新埽隨時保護足資抵禦可免他
虞又邳睢廳屬黄河南岸瓦房工從前大溜開
行上中下三段舊埽共長二百餘丈已淤閉多
年前歲溜向南趨下段先已生工今黄水加長
溜復上提臣與道將等勘籌商酌若上段中段
同時鑲做不但緩不濟急並用料較多徒滋糜
費隨於上段督令赶做挑水大壩一道挑開溜
勢中段即經平穩可以毋庸搶辦動用料物錢
粮現令淮徐道核實造册請銷不使稍有浮冒
再外河老壩口至紅幅莊一帶堤長四百七十
餘丈外係埽工内係深塘情形既屬单薄而溜
勢又係頂冲不得不早為籌計若將後塘一律
填平需費浩繁臣再四思維惟有將堤工加帮
寬厚以資捍衛就堤工臨溜之緩急定帮寬之

丈尺共需土方銀一萬一千餘兩如此斟酌辦
理庶錢粮不至多糜而堤工實資鞏固臣札商
督臣薩載意見相同謹一併繕摺具
奏並繪圖貼說恭呈
御覽伏乞
皇上聖鑒謹
奏

已奏[illegible][illegible]

乾隆四十八年六月　十三　日

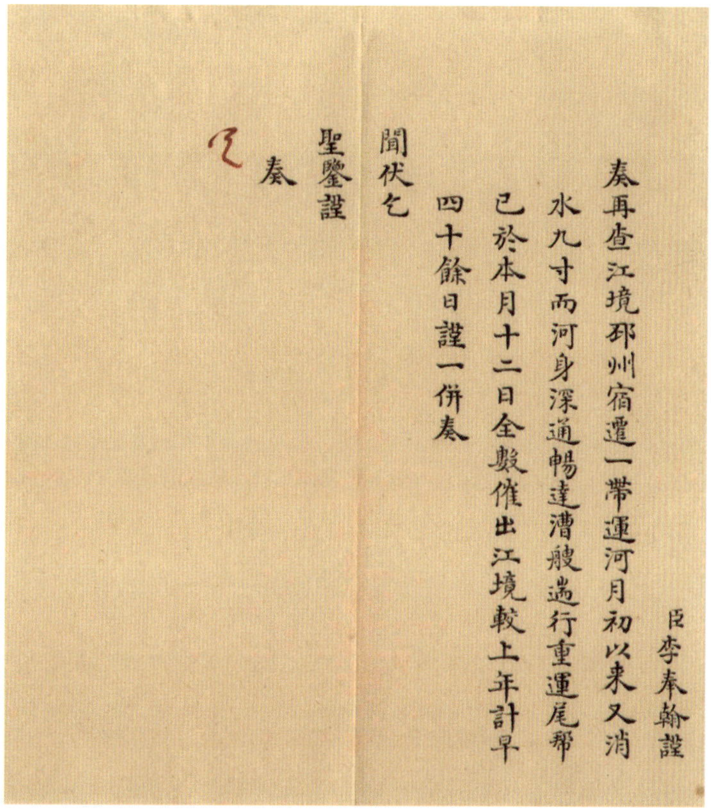

臣李奉翰謹
奏再查江境邳州宿遷一帶運河月初以來又消
水九寸而河身深通暢達漕艘遄行重運尾幫
已於本月十二日全數催出江境較上年計早
四十餘日謹一併奏
聞伏乞
聖鑒謹
奏
了

四九五

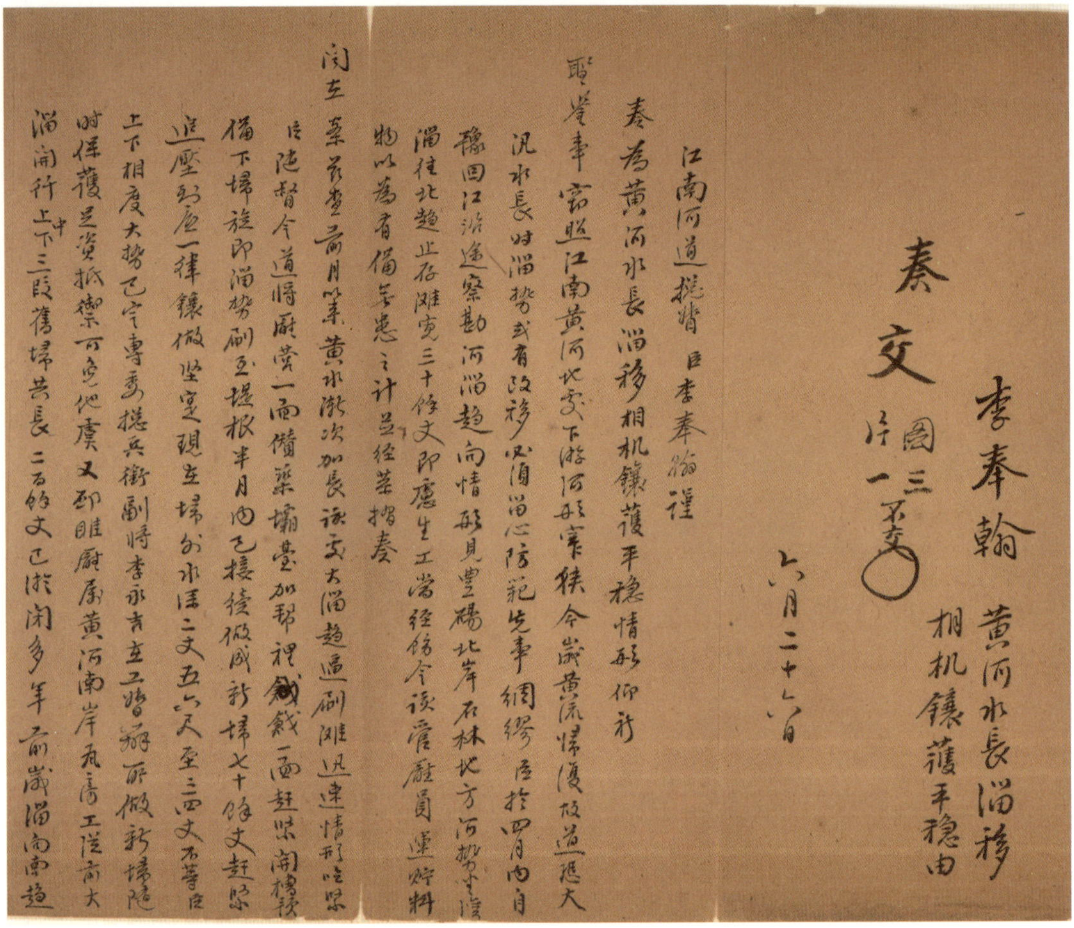
李奉翰 黄河水長溜移
相机鑲護平穩由

奏文

圖三
件一 不變

六月二十七日

江南河道總督臣李奉翰謹

奏為黄河水長溜移相机鑲護平穩情形仰祈

聖鑒事。竊照江南黄河北岸下游河形寬展，今歲黄流歸復故道，遇大汛水長，時溜勢或有改移，必須留心防範，先事綢繆。臣於四月內自豫回江，沿途察勘河溜趨向情形，見豐碭北岸石林地方河勢坐灣，溜往北趨，止存灘寬三十餘丈，即慮生工，當經飭令該廳員運貯料物，以為有備無患之計，並經恭摺奏

聞在案。茲查前月以來，黄水漸次加長，該處大溜趨逼，刷灘迅速，情形吃緊。臣隨督令道將廳營一面備築埽壩，加幫裡戧，一面趕緊[illegible]備下埽，旋即溜勢刷至堤根，半月內已接續做成新埽七十餘丈，趕緊追壓到底，一律鑲做堅實。現在埽前水深二丈五六尺至三四丈不等。臣上下相度大勢，已定專委總兵銜副將李永吉在工督辦所做新埽，隨時保護，足資抵禦，可免他虞。又邳睢廳屬黄河南岸[illegible]高工從前大溜開行上中下三段舊埽共長二百餘丈，已於閒多年，前歲溜向東趨

下段完已生工今黄水加長溜復上提臣與道將等勘議商酌若上段中
段同時鑲做不但緩不濟急且用料較多徒滋糜費隨于上段增今
趕做挑水大壩一道挑開溜勢中段即𢓕平穩可以毋庸搶辦動用
料物錢粮現令淮徐道核實造冊請銷不使稍有浮冒再於河老壩
口至紅橋莊一帶堤長四百七十餘丈均係埽工内係沙堤情形既属卑
薄而溜勢又係頂冲不得不早為籌計若將後堤一律填平需費浩
繁臣再四思維惟有將堤工加幫寬厚以資捍衛飭堤工險溜之
後急宜幫寬之丈尺共需土方銀一萬一千餘兩以此料酌辦節省錢
粮不至多糜而堤工寔資鞏固臣札商臣薩載意見相同謹
奏並繪圖貼說恭呈
一併繕摺具
御覽伏乞
皇上聖鑒謹
奏

乾隆四十八年六月二十日奏

硃批 覽奏欣慰欽此

六月十三日

四九六

奏

署理河東河道總督臣蘭第錫跪

奏爲

奏報黃河水勢加長工程平穩情形仰祈

聖鑒事竊查伏前黃河水勢幷新堤防風等工查催

完竣緣由臣業於十八日附摺

奏明在案嗣於二十日入伏據報黃河南岸適中

之黑堽工次於十九二十兩日誌樁長水一尺

九寸臣先於十九日接准河南撫臣移會據甘

肅寧夏府申報六月十三四日河水陡長五尺

二寸連前共長水八尺五寸又據黃沁廳稟報

二十日沁河陡長水二尺八寸等情臣當經飛

飭各道廳加謹防護於二十一二等日黑堽報

落水一尺四寸復於二十四日據陝州稟報萬
錦灘於二十三日巳時陡長水三尺五寸現在
長落未定等情黑堽即於二十三日酉時至二
十四日午時長水二尺四寸臣差查上游臨黃
各工頂衝迎溜之處埽壩不無平蟄俱已趕緊
加廂蘭陽以下新河水勢於二十五日亦長至
一尺八寸漫灘水至堤根如儀封縣之毛家寨
睢州之高家寨商邱之九股皂一帶地勢較窪
前廂防風尚形卑矮臣往來新堤督飭道廳即
汛趕廂高厚追壓堅實以資抵禦其河尾北灘
破堤抽溝一道寬五十丈又河尾外南灘裁灣
取直抽溝一道寬三十丈俱經次第啟放水勢
奔騰暢達宣洩更為得力今查新河尾水誌漸
已消落上下堤埽各工據各該廳稟報均屬平
穩刻下汛期甫屆水勢靡常撫臣何裕城業經
遵
旨赴東履勘運河應修堤岸工程臣惟有隨時督率
道廳慎重修防身親董察不敢稍有疎懈所有

黄河長水後工程平穩情形謹恭摺

奏報仰慰

聖懷伏祈

皇上睿鑒謹

奏

覽奏稍慰而要緊時一切慎之

乾隆四十八年六月　二十七　日

再臣前由蘭陽自東而西履勘下北上南下南
三廳工程仍回至新堤查傕所有河尾以外取
直抽溝工段及堤根應廂防風現在俱已次第
完竣其下北廳之銅瓦廂祥符十二堡十八堡
等處上南廳之楊橋裴昌廟邵家寨等處下南
廳之黑堽等處臨黄埽工前於估辦春工時業
經分别拆修自五月以後水勢時有長落上提
下坐溜勢去來無定間有平蟄均經加廂堅穩
六月初旬以後水勢消長每日不過數寸新舊
堤工先經撫臣何裕城派委道府州縣帮同河
員節節照料防守現届大汛臣與撫臣往來策
應幷督飭管河河北二道分投查察修防務期
工程鞏固以冀仰副
聖懷謹
奏
所奏俱悉此正要緊時也一切務慎之

四九七

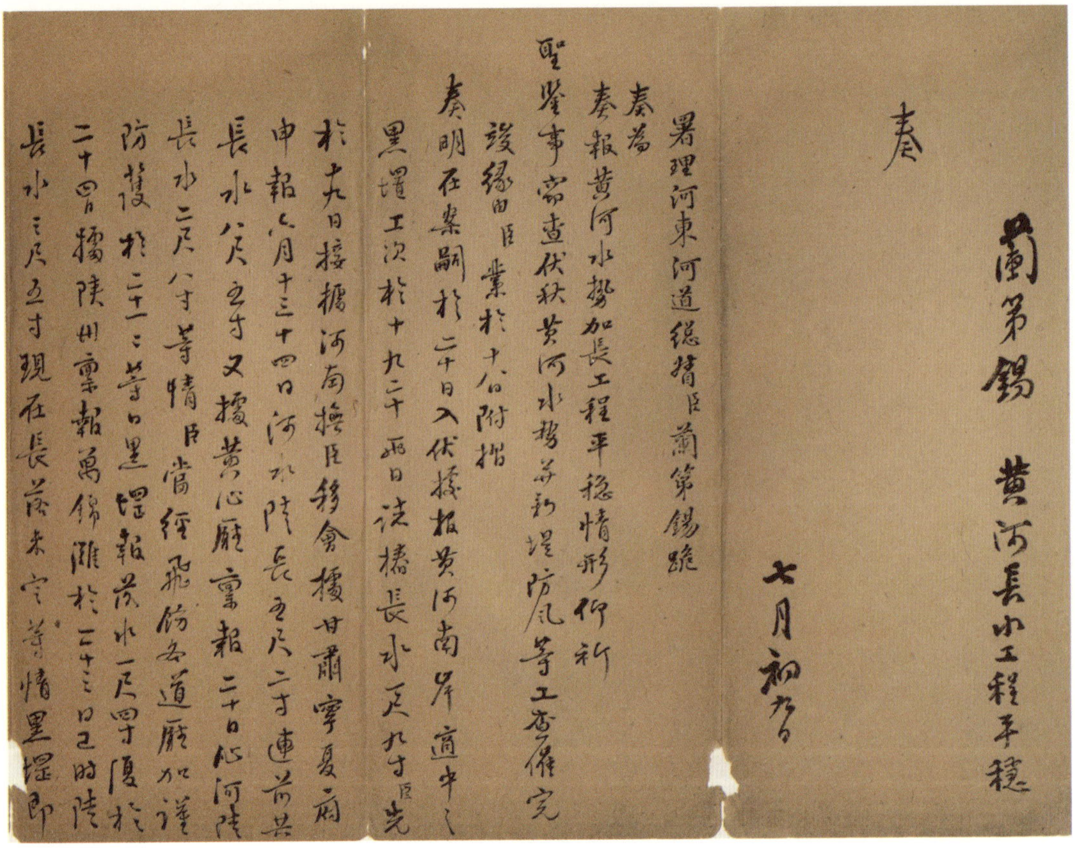

奏

蘭第錫　黄河長水工程平穩

七月初九

署理河東河道總督臣蘭第錫跪

奏爲

奏報黄河水勢加長工程平穩情形仰祈

聖鑒事竊查伏秋黄河水勢并動堤防風等工查催完

竣緣由臣業於十八日附摺

奏明在案嗣於二十日入伏接據黄河南岸道中河

黑堤工次於十九二十兩日陡漲長水二尺九寸臣先

於十九日接據河南撫臣移會據甘肅寧夏府

申報六月十三十四日河水陡長五尺二寸連前共

長水八尺五寸又據黄沁廳禀報二十日沁河陡

長水二尺八寸等情臣當經飛飭各道廳加謹

防護於二十一二等日黑堤報落水一尺四寸復於

二十四日據陝州禀報萬錦灘於二十三日巳時陡

長水三尺五寸現在長落未定等情黑堤即

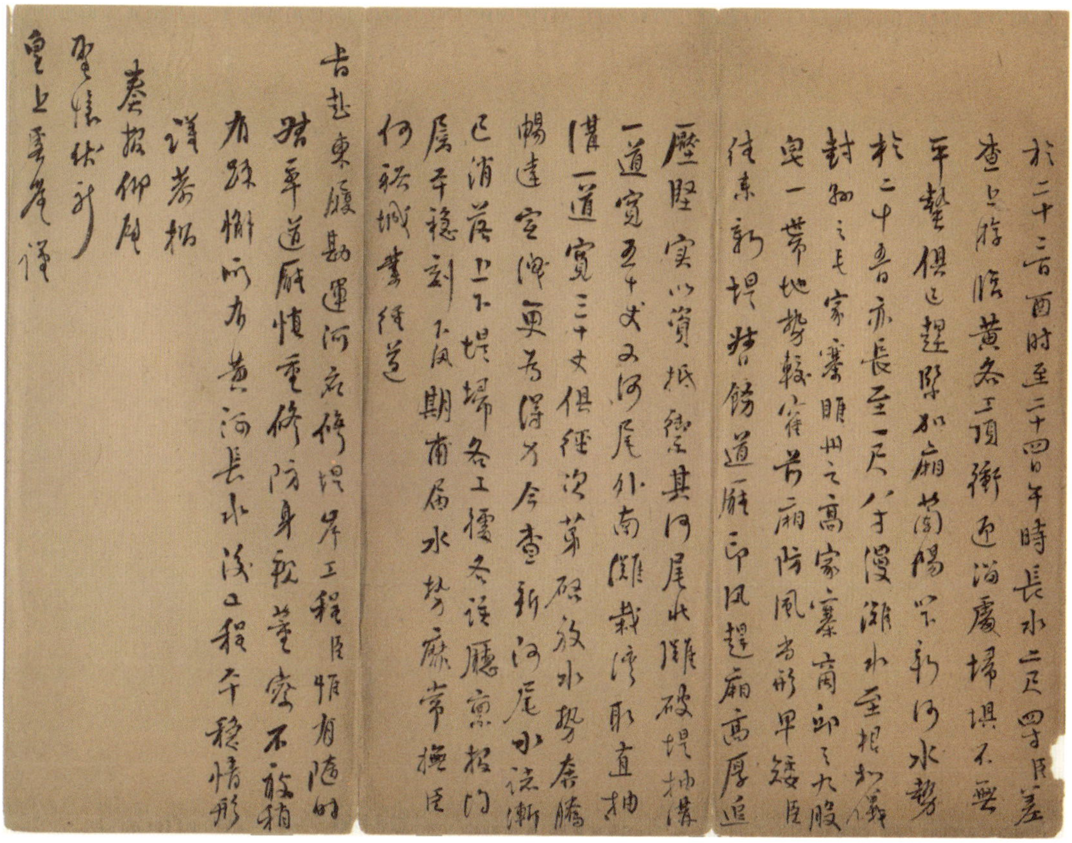

於二十三日酉時至二十四日午時長水二尺四寸臣差
查上游臨黄各工頂衝迎溜處埽堤不無
平墊俱已趕緊加廂蘭陽以下新河水勢
於二十四日亦長至一尺八寸漫灘水至堤根如儀
封汛之毛家寨睢州之高家寨商邱之九股
與一帶地勢較窪者廂防風者預早籌臣
往來新堤特飭道廳即日趕廂高厚追
歷堅實以資抵禦其河尾北灘破堤抽溝
一道寬五十丈又河尾外南灘裁灣取直抽
溝一道寬三十丈俱經沖刷放水勢奔騰
暢達宣洩更為得力今查新河尾水漸
已消落上下堤埽各工俱各該廳稟報均
屬平穩刻下伏期甫屆水勢靡常撫臣
何裕城業經遵
旨赴東覆勘運河應修堤岸工程臣惟有隨時
督率道廳慎重修防身歷董率不敢稍
有疏懈所有黄河長水後工程平穩情形
謹恭摺
奏報仰慰
聖懷伏乞
皇上睿鑒謹

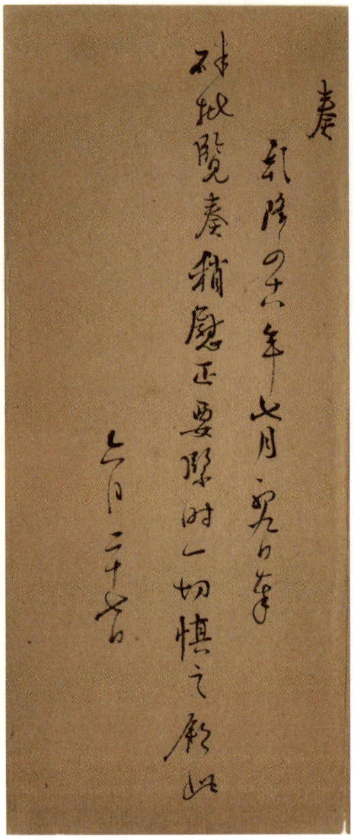

奏

乾隆四十六年七月初九日奉

硃批覽奏稍慰正要緊時一切慎之欽此

七月二十六日

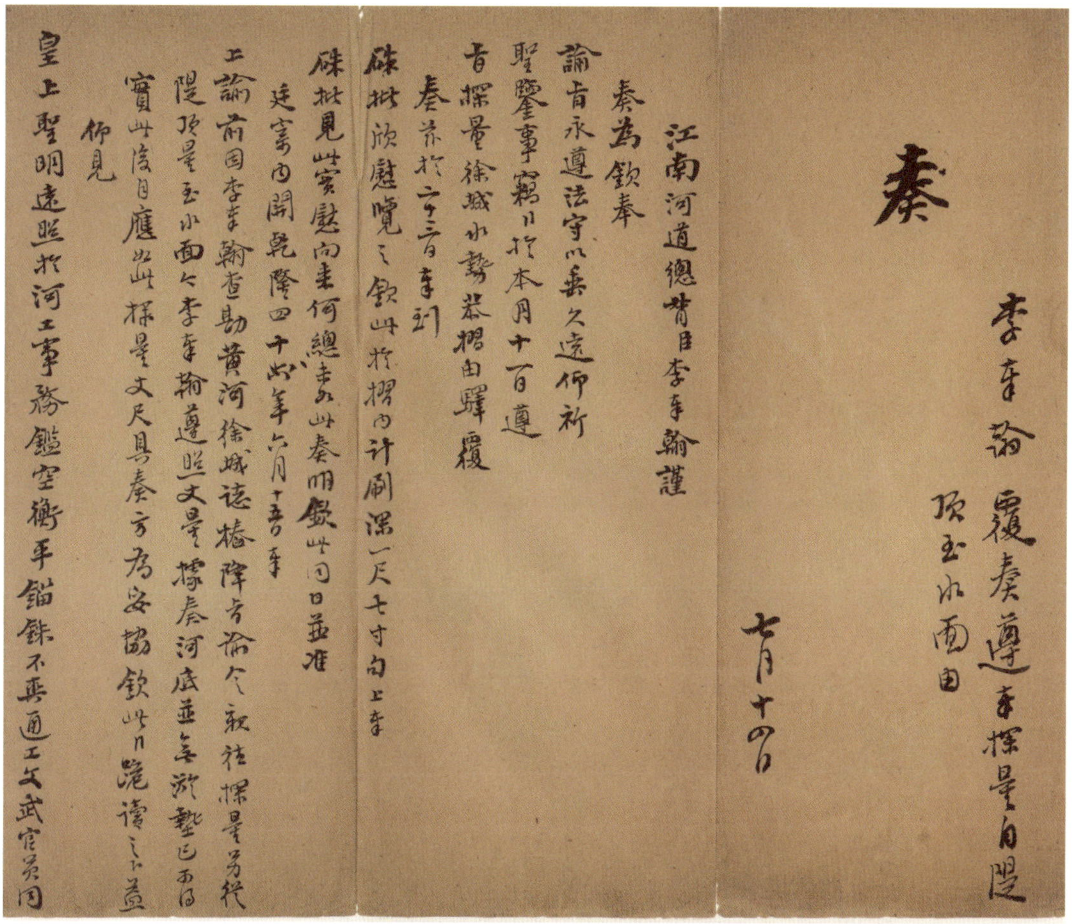

奏

李奉翰覆奏遵旨探量自隄頂至水面由

七月十四日

江南河道總督臣李奉翰謹

奏爲欽奉

諭旨永遵法守以垂久遠仰祈

聖鑒事竊臣於本月十一日遵

旨探量徐城水勢恭摺由驛覆

奏并於六月十三日奉到

硃批欣慰覽之欽此於摺內計開深一尺七寸句上奉

硃批見此實慰向來何總未如此奏明欽此同日並准

廷寄內開乾隆四十六年六月十三日奉

上諭前因李奉翰查勘黃河徐城誌樁降方諭令親往探量另從

隄頂量至水面令李奉翰遵照丈量據奏河底並無淤墊已爲

實此後自應如此探量丈尺具奏方爲妥協欽此臣跪讀之下益

仰見

皇上聖明遠照於河工事務鑒空衡平錙銖不爽通工文武官員同

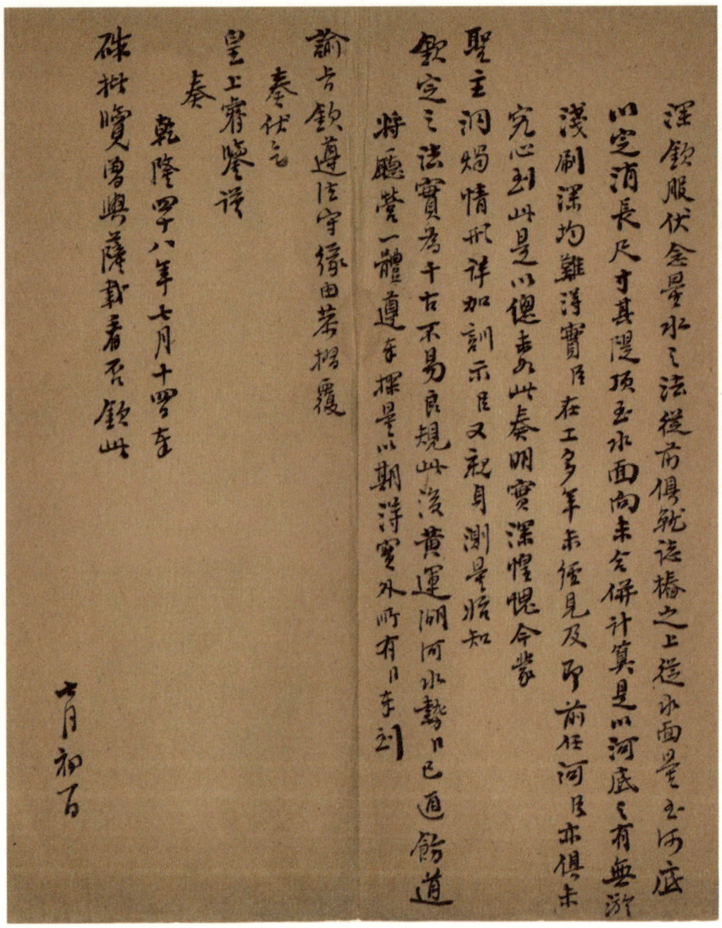

溼欽服伏念量水之法從前俱就該橋之上從水面量至河底
以定消長尺寸其隄頂至水面向未分併計算是以河底之有無淤
淺刷深均難得實臣在工多年未經見及即前任河臣亦俱未
究心到此是以總未如此奏明實深惶愧今蒙
聖主洞燭情形詳加訓示臣又親身測量始知
欽定之法實為千古不易良規此後黃運湖河水勢日已通飭道
將廳營一體遵辦探量以期得實外所有臣奉到
諭旨欽遵任事緣由謹摺覆
奏伏乞
皇上睿鑒謹
奏
乾隆四十八年七月十四日奏
硃批覽曾與薩載看否欽此

七月初一日

四九九

奏

河南巡撫臣何裕城跪

奏為恭報黃河伏汛水勢安瀾工程平穩仰祈

聖鑒事竊照豫省黃河入伏以來接據寧夏府申報六月十三四兩日長水八尺五寸又據陝州稟報萬錦灘三次長水一丈一尺五寸黃沁廳稟報沁河四次長水一丈三尺二寸緣新河李六口崖底寬深水流迅駛是以上游黃沁等廳險要處所均未出槽漫灘惟上南之楊橋九堡下南之黑堽下北之銅瓦廂并李六口大壩臨黃各工俱因溜勢湍激不無着重現據各廳營具報加緊搶鑲趕下埽個均獲平穩至蘭陽十二堡以下新河地勢高下不一凡係低窪之處堤

根漫水深至四五尺及八九尺不等俱經臣預
飭承辦堤工州縣協同廳營先期鑲做防風堤
後加築裡戧並飭承催道府駐工督率實力捍
衛俱極穩固查本年伏汛雖過秋汛正長更宜
留心加意防護臣仍飭在工大小各員勤加巡
察不得稍有疎懈茲臣自東省回豫業於十三
日行抵商邱之五堡地方據報情形沿途上湖
查看新河大溜東注尾閭宣洩尤為暢順詢據
在工員弁僉云每逢長水風日開朗如遇北風
間作多係水落之時此皆仰賴
聖主敬誠昭格感召（朱批：莫為此諛言）
天和在工人員及沿堤老幼居民無不歡欣額慶歌頌
皇仁河臣蘭第錫現駐工所督察修防臣惟與隨時
策應凡關機要和衷商辦以期事事合宜秋汛
並保平安仰副
皇上壓念河防至意所有伏汛安瀾工程平穩情形
臣謹恭摺由驛馳
奏仰慰

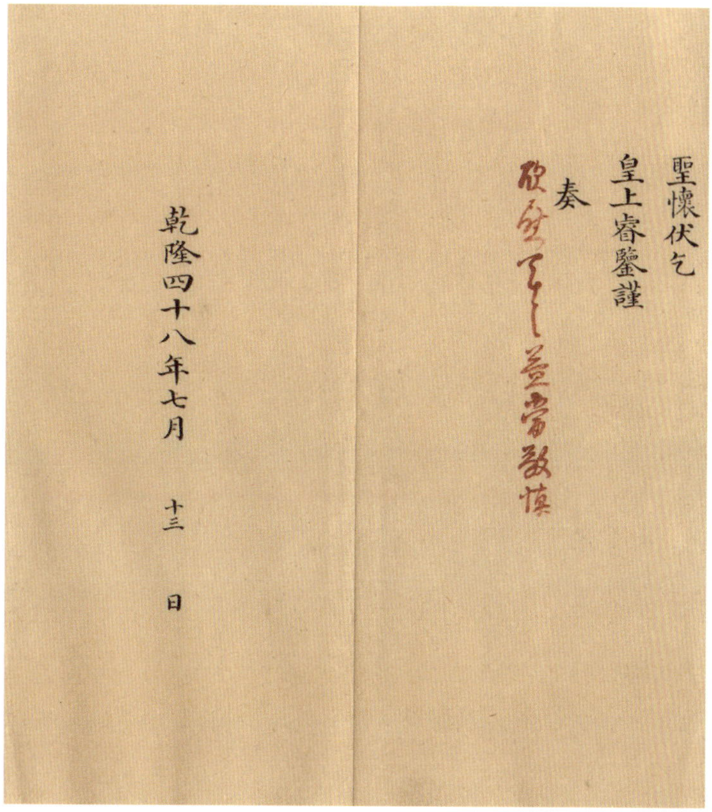

聖懷伏乞
皇上睿鑒謹
奏
欣慰覽之益當敬慎

乾隆四十八年七月　十三　日

五〇〇

奏

臣薩載 臣李奉翰謹

奏為黃河水勢盛長搶護各工及張家馬路相機
酌放水戧平穩情形仰祈
聖鑒事竊查黃運湖河伏汛安瀾情形業經臣等恭
摺奏
聞在案嗣據河南陝州呈報萬錦灘黃河內七月初
四初七初九等日三次共長水一丈二尺又據
黃沁同知呈報沁河內初八日長水六尺三寸
滙歸下注南河交秋以後黃水有長無消徐城
誌樁現長至一丈三尺七寸查南岸之毛城鋪
峯山四閘先經次第啟放北岸之蘇家山滚壩
普面過水一尺及一尺五六寸不等四路分洩

而水勢未消上下各廳工程在在險要如桃源
廳屬之七里溝宿虹廳屬之化村舖夏家馬路
朱家閘邳睢廳屬之七壩魏工或溜勢下移異
常湍激或埽工塌卸傷及堤坡急須搶辦臣李
奉翰即由桃源宿虹以至邳睢挨工查勘督飭
叅遊廳營分投搶護淮徐道劉錫嘏在豐銅一
帶巡防據報亦星飛馳至下游料理或轉運料
物或跑簰買土晝夜赶辦各工現俱搶鑲平穩
保護無虞臣薩載自東省會勘運河工程事竣
回徐接據銅沛廳營稟報張家馬路溜勢頂冲
舊埽塌卸潰傷堤頂當即委令加總兵銜副將
李永吉幷銅山縣知縣田文龍酌帶銀兩星夜
前赴該工會同該廳營實力搶護臣薩載亦即
到工察勘查張家馬路一工最為緊要乾隆四
十二年八月內因水長工險曾經前督臣高晉
查勘該工內塘寬深越堤綿長當經加幫高厚
開挖進黃出清溝槽放淤保護平穩嗣即逐漸
淤閉本年因溜勢上提直射該工刷去外灘將

上壩舊埽二十三段計長一百六十二丈全行
塌去潰傷堤頂幸內塘淤高尚有後靠但係迎
溜頂冲必須摟護惟隨鑲隨塌舊料業已用盡
無可措手轉運緩不濟急所幸新料已經登場
買運交工接濟無如工段綿長所費不貲隨與
李永吉等面為商酌該工越堤寬長尚屬可恃
第年久恐有隙漏隨即跑簰買土幫築裹戗一
面將上壩埽工赶緊補鑲挑護一面在於下壩
挑挖進黃溝掣其溜勢順流下注則上壩不致
着重并將大王廟後撐堤挑開使水勢灌滿下
（此法甚好）
塘澄淤由四道溝渠出清仍歸正河下注以水
禦水可無冲齧之虞開放水戗後仰賴

聖主洪福

河神默佑溜勢順行業已化險為平至該工
大王廟前後皆水則廟宇自難保全現已移請
神像在於高阜處所安置俟該工淤定再為遷蓋
其越堤仍督飭加謹保守不使稍有踈懈所有
上下各工搶護平穩并張家馬路酌放水戗情

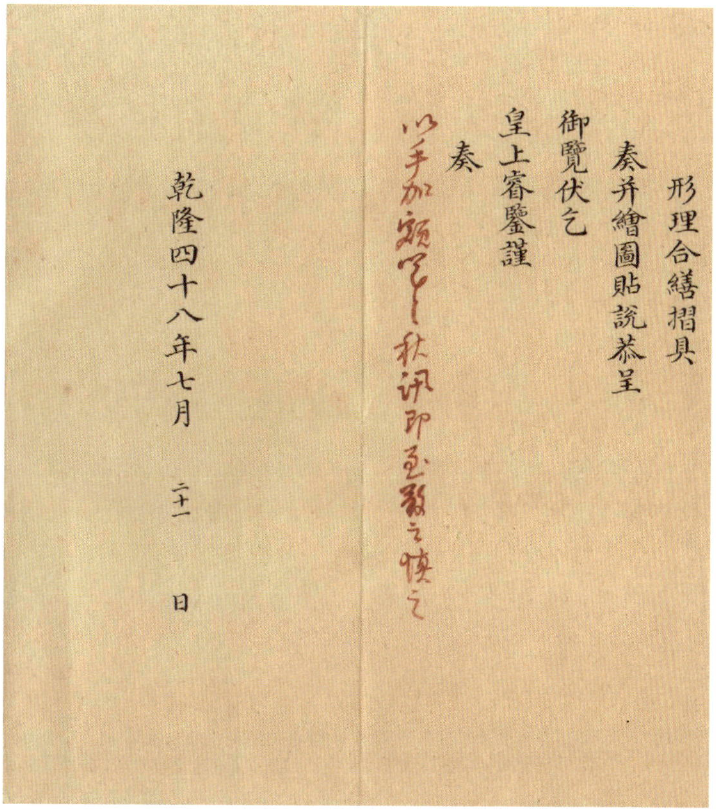

形理合繕摺具
奏并繪圖貼説恭呈
御覽伏乞
皇上睿鑒謹
奏
以手加額覽之秋汛即至益敬之慎之

乾隆四十八年七月　二十一　日

五〇一

奏

臣薩載臣李奉翰謹

奏為黃河水勢盛長搶護各工及張家馬路相機

酌放水餞平穩情形仰祈

聖鑒事竊查黃運湖河伏汛安瀾情形業經臣等恭

摺奏

聞在案嗣據河南陝州呈報萬錦灘黃河內七月初

四初七初九等日三次共長水一丈二尺又據

黃沁同知呈報沁河內初八日長水六尺三寸

滙歸下注南河交秋以後黃水有長無消徐城

誌樁現長至一丈三尺七寸查南岸之毛城鋪

峯山四閘先經次第啟放北岸之蘇家山滚壩

普面過水一尺及一尺五六寸不等四路分洩

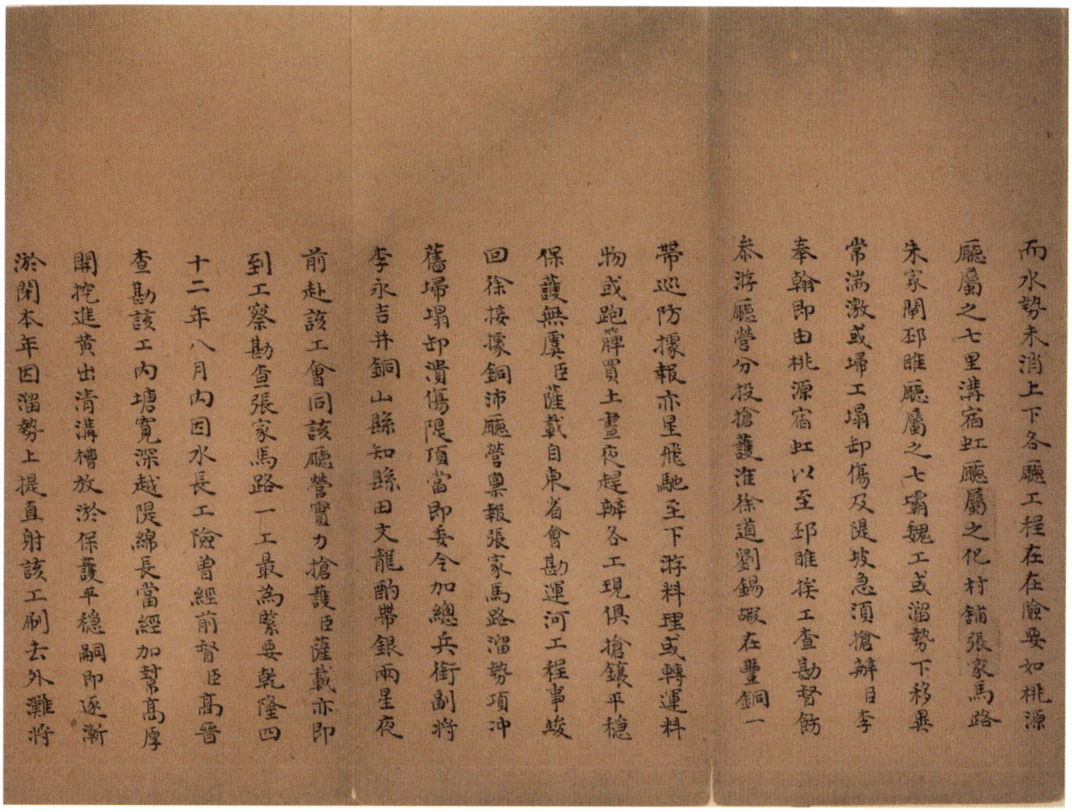

而水勢未消上下各廳工程在在險要如桃源
廳屬之七里溝宿虹廳屬之仳村鋪張家馬路
朱家閘邳睢廳屬之七壩魏工或溜勢下移異
常湍激或埽工塌卸傷及隄坡急須搶辦臣李
奉翰即由桃源宿虹以至邳睢挨工查勘督飭
叅游廳營分投搶護淮徐道劉錫嘏在豐銅一
帶巡防據報亦星飛馳至下游料理或轉運料
物或跑簰買土晝夜趕辦各工現俱搶鑲平穩
保護無虞臣薩載自東省會勘運河工程事竣
回徐接據銅沛廳營稟報張家馬路溜勢頂沖
舊埽塌卸潰傷隄頂當即委令加總兵銜副將
李永吉并銅山縣知縣田文龍酌帶銀兩星夜
前赴該工會同該廳營實力搶護臣薩載亦即
到工察勘查張家馬路一工最為緊要乾隆四
十二年八月內因水長工險曾經前督臣高晋
查勘該工內塘寬深越隄綿長當經加幫高厚
開挖進黃出清溝槽放淤保護平穩嗣即逐漸
淤閉本年因溜勢上提直射該工刷去外灘將

上壩舊埽二十三段計長一百六十二丈全行
塌去潰傷堤頂幸内塘淤高尚有後靠但係迎
溜頂冲必須摟護惟隨鑲隨塌舊料業已用盡
無可措手轉運緩不濟急所幸新料已經登塲
買運交工接濟無如工段綿長所費不訾隨與
李永吉等面為商酌該工越隄寬長尚屬可恃
第年久恐有滲漏隨即跑薛買土幫築裹戧一
面將上壩埽工趕緊補鑲挑護一面在於下壩
挑挖進黄溝掣其溜勢順流下注則上壩不致
著重并將大王廟後撐隄挑開使水勢灌滿下
塘澄淤由四道溝渠出清仍歸正河下注以水
禦水可無冲齧之虞開放水戧後仰賴

朱批：此法甚好

聖主洪福
河神默佑溜勢順行業已化險為平至該工
大王廟前後皆水則廟宇自難保全現已移請
神像在於高阜處所安置俟該工淤定再為遷蓋
其越隄仍督飭加謹保守不使稍有疎懈所有
上下各工搶護平穩并張家馬路酌放水戧情

形理合繕摺具
奏并繪圖貼說恭呈
御覽伏乞
皇上睿鑒謹
奏
乾隆四十八年七月二十七日奉
硃批以手加額覽之秋汛即至敬之慎之欽此
七月二十日

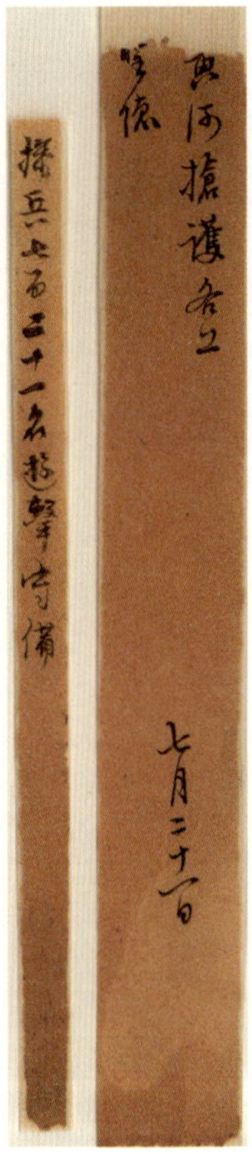

五〇二

奏

署理河東河道總督臣蘭第錫跪

奏爲

奏請勻給黃河協備千把養廉銀兩并責成都司

統轄營務仰祈

聖訓事竊查乾隆四十六年十月內大學士公阿桂

同前河臣韓鑅等遵

上諭會議具

奏將豫東河營添設兵九百八十七名并添設都

司二員協辦守備二員千把總各二員其俸薪

養廉等項留出名粮九十八分以備改給經兵

部議覆令河臣詳悉核定分别題咨等因奉

旨依議欽此欽遵嗣經前河臣韓鑅查明具

題請以南岸豫河營都司專管儀考廳屬工程北
岸懷河營都司專管曹儀廳屬工程其正協守
備均令分管一廳工程至都司俸廉請照標營
都司之例支食協辦守備請支守備半俸以資
辦公等語經兵部議覆查豫省黄河官兵俸餉
奏銷冊造協辦守備每年支食千總一半俸薪
今請支守備半俸與歷年奏冊不符其從前原
設協備二員因何僅支千總半俸今添設協備
二員因何請支守備半俸之處未據聲明應令
該督查明具題到日再議等因奉
旨依議欽此欽遵當經轉行司道查明會議去後嗣
據藩司李承鄴等詳稱豫省黄河協備向止隨
同正備修防與効力人員相似且無分賠之責
是以乾隆五年部議僅給千總半俸今奉題定
協備專管一廳工程督率弁兵責任綦重即改
給守備半俸仍不足以資養贍請照正備養廉
銀兩酌減議給等情前河臣何裕城尚未具題
移交到臣臣查協辦守備與都司正備既分管

一廳工程一切考成即與正倫無異僅支千總
半俸每年銀二十四兩誠難辦公但經費有定
還請增添養廉前留名粮九十八分又屬不敷
未便額外增加臣再四籌計查河營千總從前
原支名粮六分每年支銀八十七兩零河營把
總從前原支名粮五分每年支銀七十二兩零
嗣奉
恩旨將名粮挑補實兵另給養廉河營各弁照標營
之例支食千總每年養廉銀一百二十兩把總
每年養廉銀九十兩較原支名粮多銀十七八
兩及三十餘兩不等實屬過優臣愚昧之見似
應以千把之有餘分給協倫支食以昭平允且
查山東黃河協倫一員因係德州南汛千總改
設即食千總俸廉并支夫役七名工食經東省
司道詳請裁扣夫役工食充公造報咨部在案
而所支千總養廉亦與豫省協倫互異自應一
律裁減勻給臣統計豫東黃運兩河千總十二
員把總十員原設協倫三員四十六年添設協

備二員今年新設睢寧廳又添設協備一員共
協備六員計千總養廉十二分幷山東黄河協
備所食千總養廉一分共銀一千五百六十两
把總養廉十分共銀九百两二共銀二千四百
六十两今通盤籌畫均匀攤派擬千總每員各
給養廉銀九十两共銀一千零八十两把總每
員各給養廉銀七十八两共銀七百八十两通
共千把養廉應支銀一千八百六十两内計抽
撥銀六百两即令協備六員各分領養廉銀一
百两其應領俸薪仍概支千總半俸毋庸議增
以昭畫一該協備等得有養廉雖比正備少至
一半而比千把則已畧優即在千把各員雖較
現給養廉銀數畧少而較之原食名粮銀數已
多如此量官授食既可毋庸另籌款項該弁等
辦公有資益當感奮自効於河務似屬有裨再
查豫省黄河两岸分設豫懷二營向無武職大
員統轄今新設都司二員雖經題定與正備協
備各分管一廳工程但都司為專閫大員一岸

營務均應歸其統轄臣請將兩岸各廳所屬弁
兵凡開除募補分散錢粮稽查勤惰約束巡防
等事南岸歸豫河營都司統轄北岸歸懷河營
都司統轄一切文移會同廳員移詳管河河北
二道轉詳臣衙門辦理其工程考核仍令該都
司與各偹分司一廳以專責成臣因黃河兩岸
工段綿長添設弁兵星羅碁布必須大員表率
該都司等既有統轄呼應較靈於營務益昭縝
密是否有當合併恭摺具
奏伏乞
皇上睿鑒勅部議覆施行謹
奏

該部議奏

乾隆四十八年七月　二十四　日

五〇三

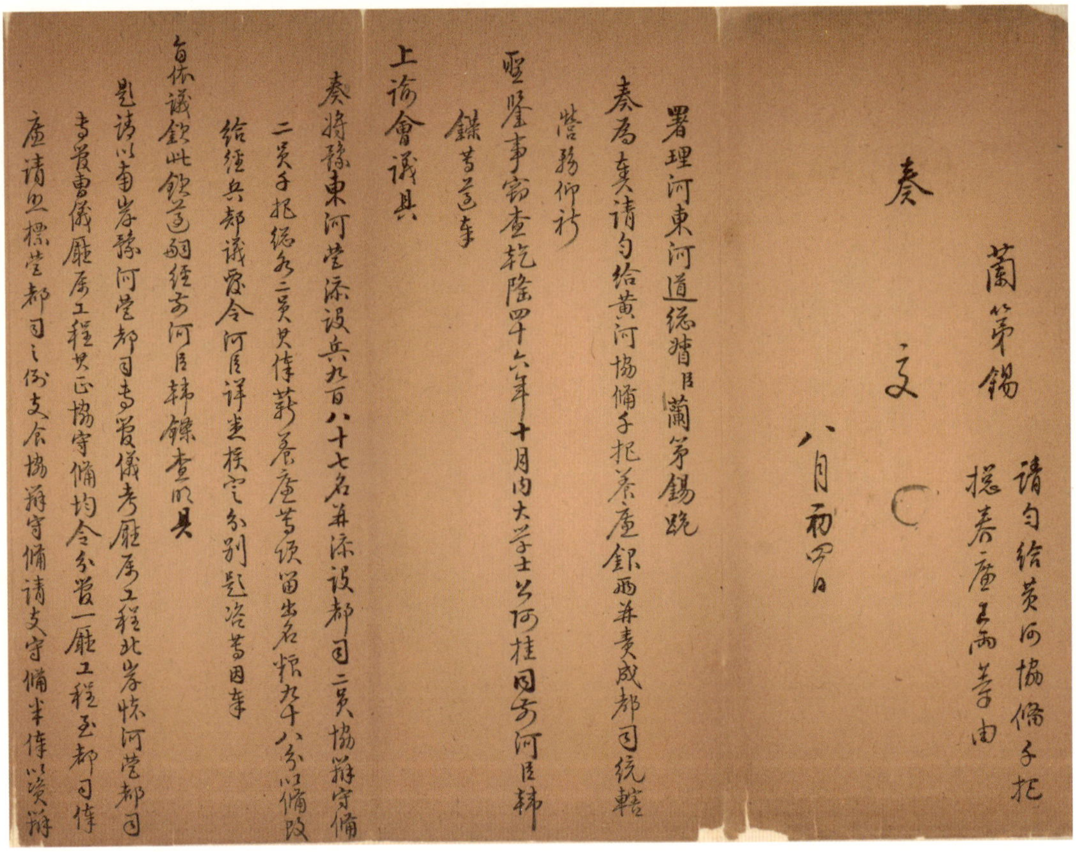

蘭第錫
請勻給黃河協備千把
總養廉銀兩等由
奏
文
八月初四日

署理河東河道總督臣蘭第錫跪
奏爲奏請勻給黃河協備千把總養廉銀兩並責成都司統轄
營務仰祈
聖鑒事。竊查乾隆四十六年十月内大學士公阿桂同前河臣韓
鑅等遵奉
上諭會議具
奏，將豫東河營添設兵九百八十七名，並添設都司二員、協辦守備
二員、千把總各二員，其俸薪養廉等項，留出名糧九十八分以備支
給，經兵部議覆，令河臣詳悉核定，分別題咨等因。奉
旨依議。欽此。欽遵。嗣經前河臣韓鑅查明具
題請以南岸豫河營都司專管儀考廳屬工程，北岸懷河營都司
專管曹儀廳屬工程，其正協守備均令分管一廳工程，至都司俸
廉請照標營都司之例支給，協辦守備請支守備半俸，以資辦

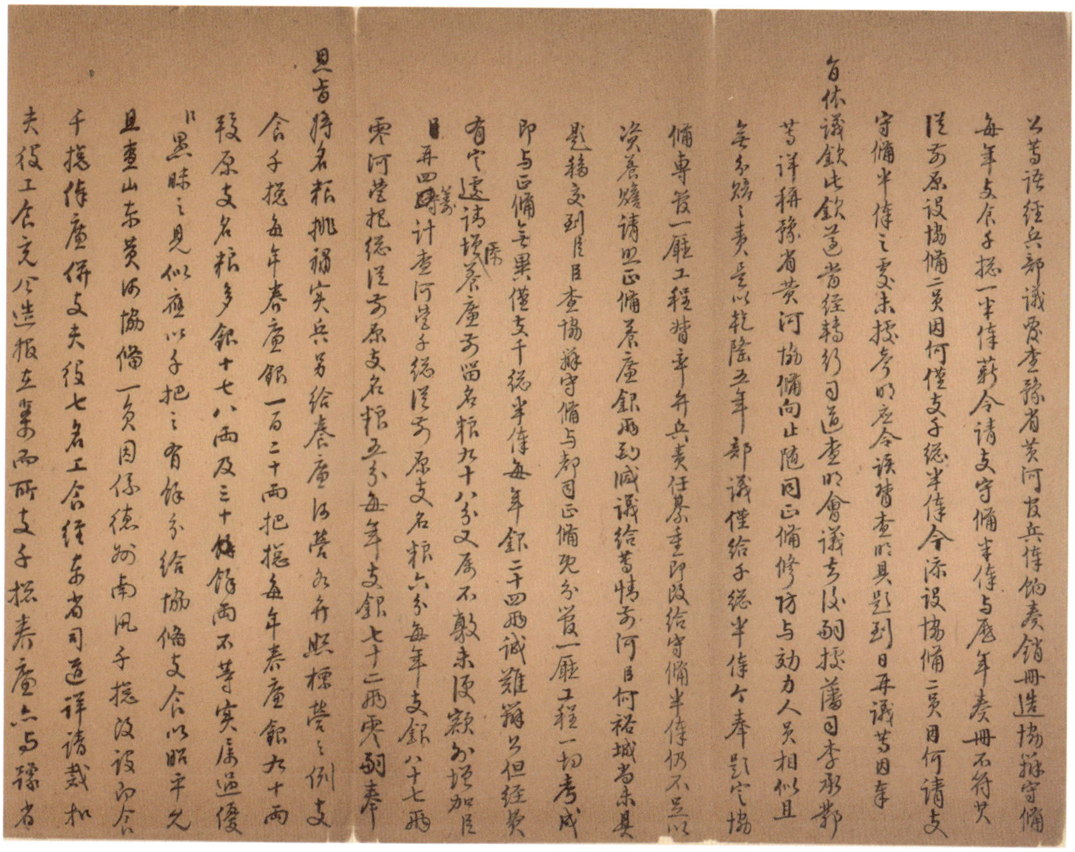
以昔語經兵部議覆查豫省黄河設兵修防奏銷冊造協辦守備
每年支食千總一半俸薪今請支守備半俸與歷年奏冊不符其
後分原設協備二員因何僅支千總半俸今添設協備二員因何請支
守備半俸之處未據聲明應令該督查明具題到日再議等因奉
旨依議欽此欽遵當經轉行司道查明會議去後茲據藩司李承鄴
等詳稱豫省黄河協備向止隨同正備修防與効力人員相似且
無分辦之責是以乾隆五年部議僅給千總半俸今奉題定協
備專管一廳工程督率弁兵責任綦重即改給守備半俸仍不足以
資養贍請照正備養廉銀兩酌減議給等情前河臣何裕城當未具
題轉交到臣臣查協辦守備與都司正備既分管一廳工程一切考成
即與正備無異僅支千總半俸每年銀二十四兩誠難辦公但經費
有定遽請援案養廉亦留名糧九十八分又屬不敷未便懸款分頭加臣
再四籌計查河營千總後分原支名糧六分每年支銀八十七兩
零河營把總後分原支名糧五分每年支銀七十二兩零酌奉
恩旨將名糧挑補實兵另給養廉以營弁弁照標營之例支
食千總每年養廉銀一百二十兩把總每年養廉銀九十兩
較原支名糧多銀十七八兩及三十餘兩不等實屬逾優
愚昧之見似應以千把之有餘分給協備支食以昭平允
且查山東黄河協備一員因係德州南岸千總改設即令
千總作廉係支夫役七名工食經東省司道詳請裁扣
夫役工食充公造報在案而所支千總養廉亦與標省

協備五員自應一律裁減，勻給。統計豫東黄運兩河千總十二員，把總十員，原設協備三員，四十六年添設協備二員，今年新設睢寧廳又添設協備一員，共協備六員，計千總養廉十二分，并山東黄河協備所食千總養廉一分，共銀一千五百六十兩，把總養廉十分，共銀九百兩，二共銀二千四百六十兩。今通盤籌畫，均勻撥派，擬千總每員各給養廉銀九十兩，共銀一千零八十兩，把總每員各給養廉銀七十八兩，共銀七百八十兩，通共千把總養廉應支銀一千八百六十兩，內計抽撥銀六百兩，即令協備六員各分領養廉銀一百兩，其應領俸薪仍概支千總半俸，毋庸議增，以昭畫一。該協備等得食養廉，雖較正備少至一半，而比千把則已略優，即在千把總各員雖較現給養廉銀數略少，而較之原食名糧銀數已多，如此量宜撥合，既可毋庸另籌款項，該弁等亦得借資養贍，咸知奮勉，於河務似屬有裨。再查豫省黄河兩岸分設協標二營，向無武職大員統轄，今新設都司二員，雖經題定與正備協備各分管一廳工程，但都司為專閫大員，一岸營弁均應歸其統轄。請將兩岸各廳所屬弁兵，凡兩岸營務分數分派稽查勤惰約束汛防等事，南岸歸豫河營都司統轄，北岸歸懷河營都司統轄，一切文移會同廳員移詳管河道轉詳。衙門如撥其工程應撥仍令該都司與

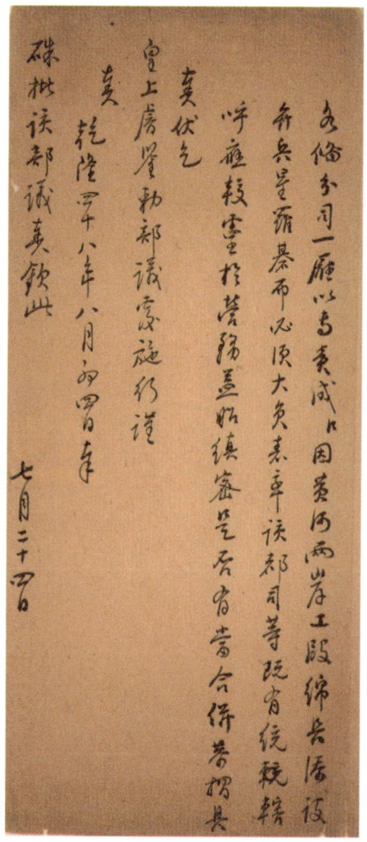
多備分司一廳以專責成。因黃河兩岸工段綿長修防
弁兵呈請暴雨必須大員督率該部司等既有統轄
呼應較靈於營務益臻慎密是否有當合併恭摺具
奏伏乞
皇上睿鑒敕部議覆施行謹
奏
乾隆四十八年八月初四日奉
硃批該部議奏欽此
七月二十四日

五〇四

奏

署理河東河道總督臣蘭第錫跪

奏為奏
聞事竊照南粮尾帮船隻於七月初四日全過濟寧
經臣恭摺奏蒙
聖鑒玆臣在睢州新堤接據運河道沈啟震稟報重
運尾帮江西吉安帮於七月十七日全出臨清
閘口上年尾帮係於九月初七日出口今年計
較早五十日現據下河廳稟稱衛河水深一丈
四尺餘寸漕船浮送有餘而水勢又不至過大
衛尾北行益加穩速查杭嚴四帮已於十一日
出德州東境共計六十六帮在後僅有十帮距
今已逾旬日日內當可全出東境至濟寧迤北

各湖向稱水櫃而蜀山一湖蔫濟南北運行尤
關緊要例於伏秋汛内先為儲蓄以為來年濟
運之倫行據該道覆稱蜀山湖現存水八尺二
寸較往年汛内應收之八尺五寸僅少三寸雖
冬間煞壩後例須收納清水以符一丈一尺之
定誌但即日回空經臨恐深秋水弱仍須酌量
宣濟業將永泰永安永定等各進水斗門啟除
土壩刻下汶水上源之泰安等屬一帶於初七
初九等日復得透雨汶水加旺足資豬蓄其馬
踏南旺馬場等湖較易辦理現在設法次第收
足無虞缺乏等情臣查重運尾帮既經出口衛
河水勢又復充餘應將開河表口二閘即行加
板擎托其柳林寺前二閘仍一體閉板俾積高
水面暢收入湖凡回空帮船及差民船隻行走
該四閘照例互相啟閉以免走洩水勢其微山
湖之水自前月二十九日以後至七月十五日
又報消四寸現深一丈四尺五寸濟寧以南應
修土石等堤從前原在水中約估目下續涸工

臣仍須就實在情形確切核計以昭節慎已經
撫臣明興飭道確核辦理臣俟白露後酌看水
勢情形由黃河下游順赴韓莊一帶往來查催
以期妥速所有重運尾幫出口日期及籌議蜀
山等湖收蓄緣由理合恭摺奏
聞伏祈
皇上睿鑒謹
奏
覽奏欣慰
乾隆四十八年七月　二十四　日

五〇五

奏

臣薩載臣李奉翰謹

奏為黃河水勢暢消秋汛安瀾兆慶情形仰慰

聖懷事竊照入秋後黃河水勢盛長徐城誌樁於七月中旬長至一丈三尺七寸溜勢湍激異常徐屬各廳兩岸埽工多有塌卸并有傷及堤頂者而張家馬路一工尤為吃緊當經臣等督率道

將廳營上下分投搶護并將張家馬路酌放水戧各工漸次平穩情形已於七月二十一日會

摺附驛奏

聞在案旬日以來黃水復長五寸旋即消落除長落相抵外仍消水二尺五寸今徐城誌樁淨存長水一丈一尺二寸 邳睢宿虹桃源各廳水勢亦

各消水二尺餘寸及三尺不等前經搶護各工
均已鑲壓堅實堤頂潰塌處亦俱幫築寬厚張
家馬路啟放水戧後溜勢平順上壩摟護埽工
業已加鑲穩固均可放心下游外河南岸舊有
木龍前因水大溜急擊斷二架漂淌木植隨即
撈獲現經臣李奉翰親往查勘督令赶紮以資
挑護并到下游巡查臣薩載即赴徐城以上豐
碭一帶察看查今歲伏秋之交黃水接續增長
驟大且久各工蟄塌甚多幸俱搶護無虞今河
水上下已消落二三尺不等兩岸漫灘之水逐
漸歸槽雖秋汛為期尚遠而前水漸消後水即
或加長亦可容納且下游洪湖水未加長運中
河之水亦漸消落黃水下注無阻更得暢達歸
海聞豫省新河暢順新堤亦俱保護平穩秋汛
安瀾實可預卜此皆仰賴
聖主洪福
至誠感格所賜臣等及在工文武莫不同深感幸倍
加敬畏益慎修防所有秋汛內黃河水勢暢消

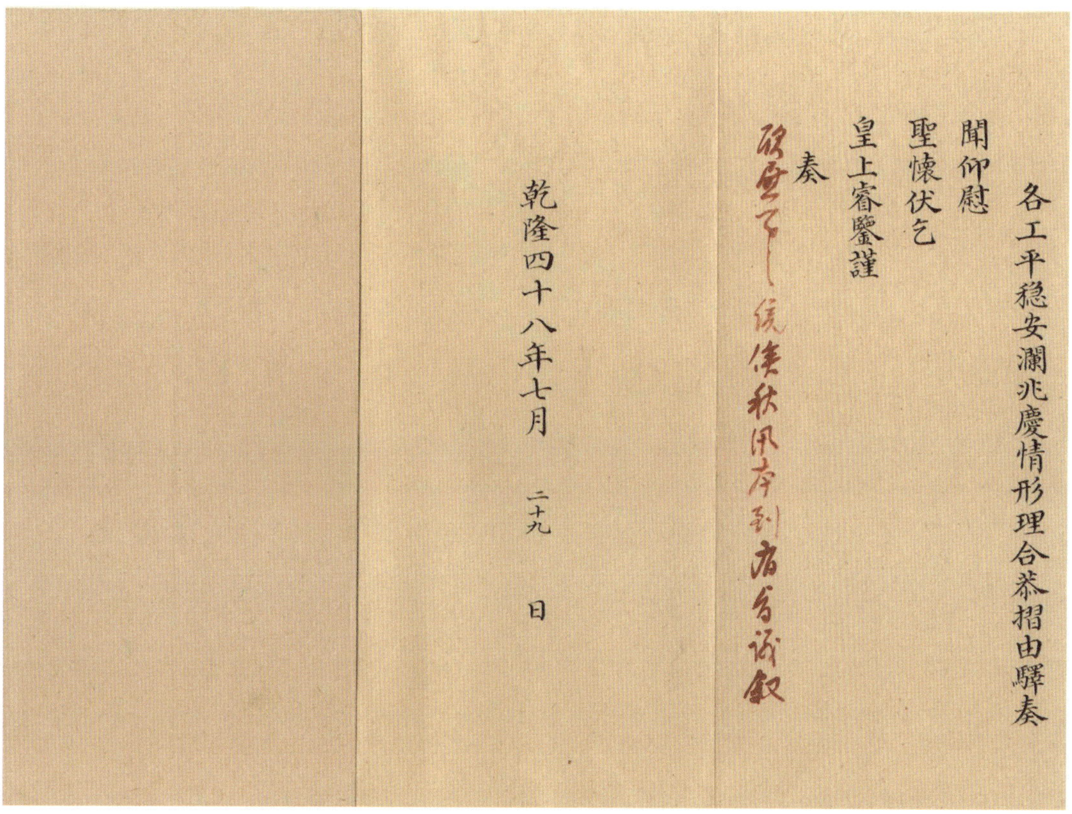
各工平穩安瀾兆慶情形理合恭摺由驛奏
聞仰慰
聖懷伏乞
皇上睿鑒謹
奏
欣慰覽之總俟秋汛奏到方可議敘
乾隆四十八年七月　二十九　日

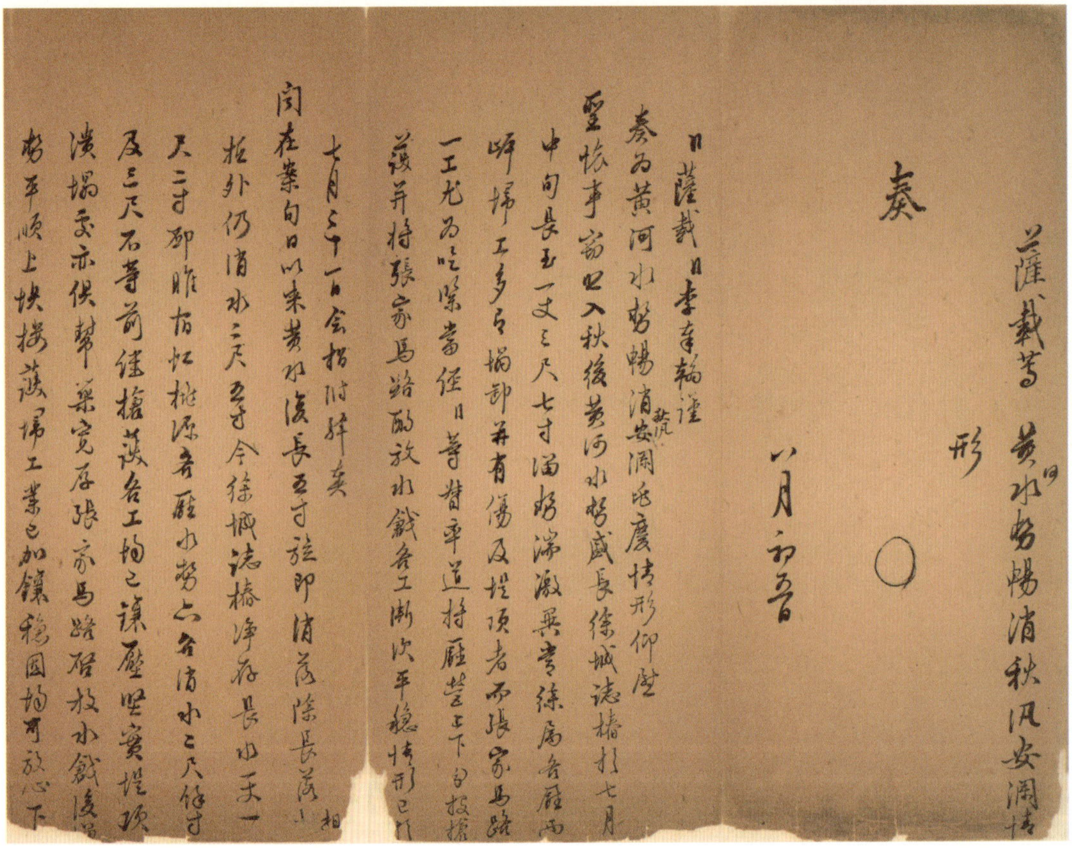
薩載等 黃水勢暢消秋汛安瀾情形

奏

○

八月初五日

臣薩載、臣李奉翰謹

奏為黃河水勢暢消安瀾並慶情形仰祈

聖鑒事。竊照入秋後黃河水勢盛長，徐城誌樁於七月中旬長至一丈三尺七寸，溜勢湍激異常，徐屬各廳兩岸埽工多有蟄卸，并有傷及堤頂者，而張家馬路一工尤為吃緊。當經臣等督率道將廳營上下分投搶護，并將張家馬路啟放水戧各工漸次平穩情形，已於七月二十一日會摺附片奏

聞在案。自□以來黃水復長五寸，旋即消落，除長落相抵外，仍消水二尺五寸。今徐城誌樁淨存長水一丈一尺二寸，即昨據□□各廳水勢亦各消水二尺餘寸及三尺不等。前經搶護各工均已鑲壓堅實，堤頂潰塌處亦俱幫築寬厚，張家馬路啟放水戧後溜勢平順，上埽搶護埽工業已加鑲穩固，均可放心。下

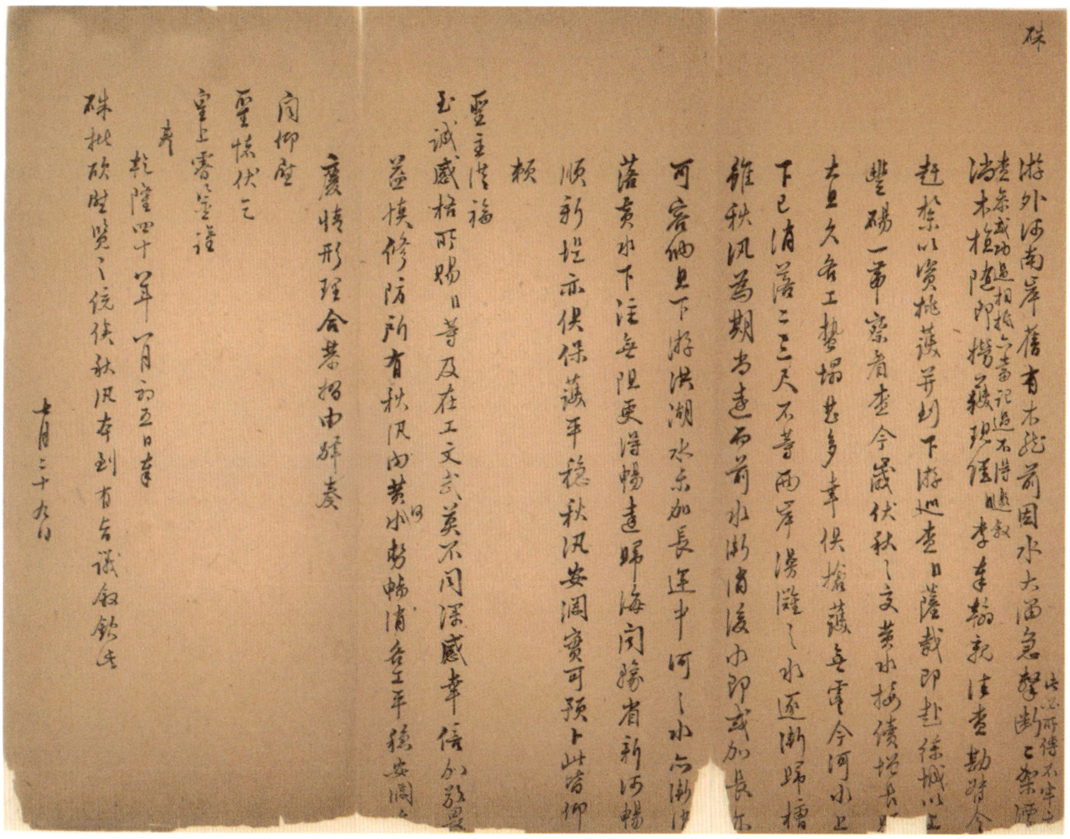

五〇七

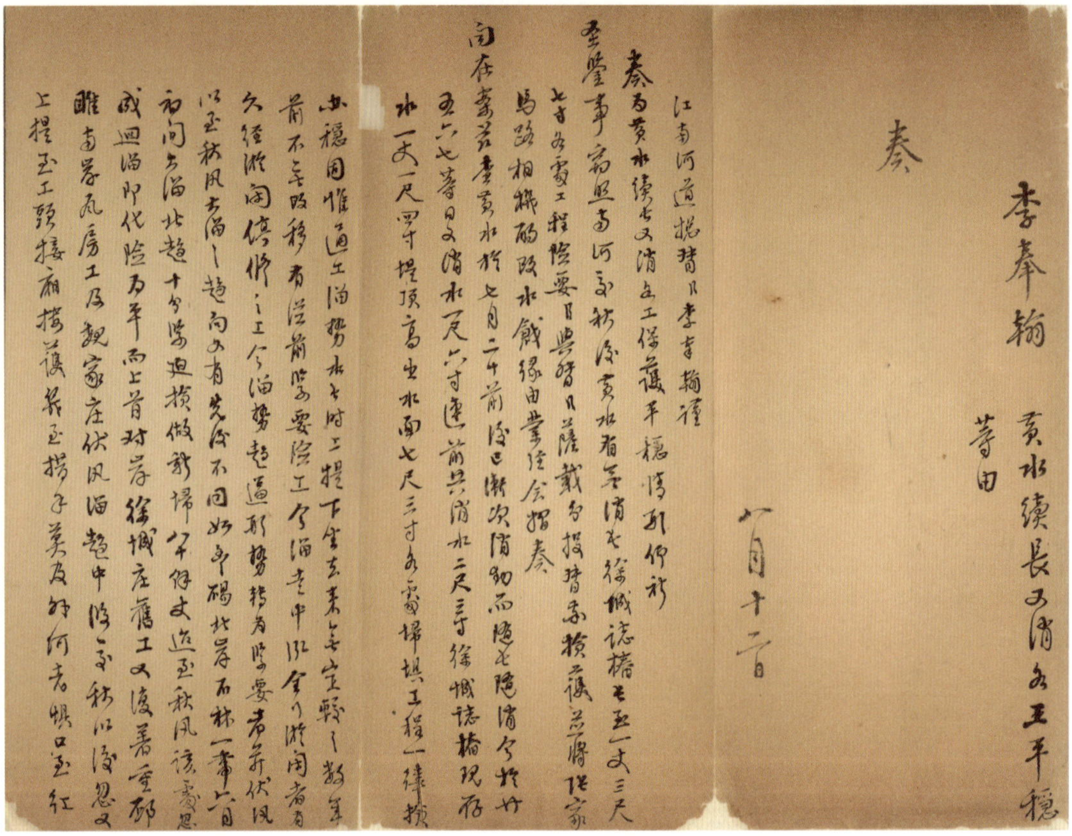

奏

李奉翰

黄水續長又消各工平穩

等由

八月十二日

江南河道總督臣李奉翰謹

奏為黄水續長又消各工保護平穩情形仰祈

聖鑒事竊照南河今秋除黄水前長消之後徐城誌椿長至一丈三尺

七寸各處工程險要臣與督臣薩載分投督率搶護並將張家

馬路相機酌放減水緣由業經會摺奏

聞在案茲查黄水於七月二十前後已漸次消落而隨長隨消今於廿

五六七等日又消水一尺六寸連前共消水二尺三寸徐城誌椿現存

水一丈一尺四寸堤頂高出水面七尺三寸不等埽埧工程一律搶

穩固惟通工溜勢於七月時上提下坐去來無定較之數年

前不無改移有從前緊要險工今溜走中泓全行淤閉者有

久經淤閉停修之工今溜勢趨逼形勢轉為緊要者并伏汛

以至秋汛大溜一趨向又有先後不同如豐碭北岸石林一帶六月

初間大溜北趨十分緊迫搶做新埽四千餘丈迄至秋汛該處忽

成迴溜即化險為平而上首對岸徐城莊舊工又復著重邳

睢南岸之房工及魏家莊伏汛溜趨中泓入秋以後忽又

上提至工頭接廂搶護並至揚子莫及[illegible]河吉[illegible]口至紅

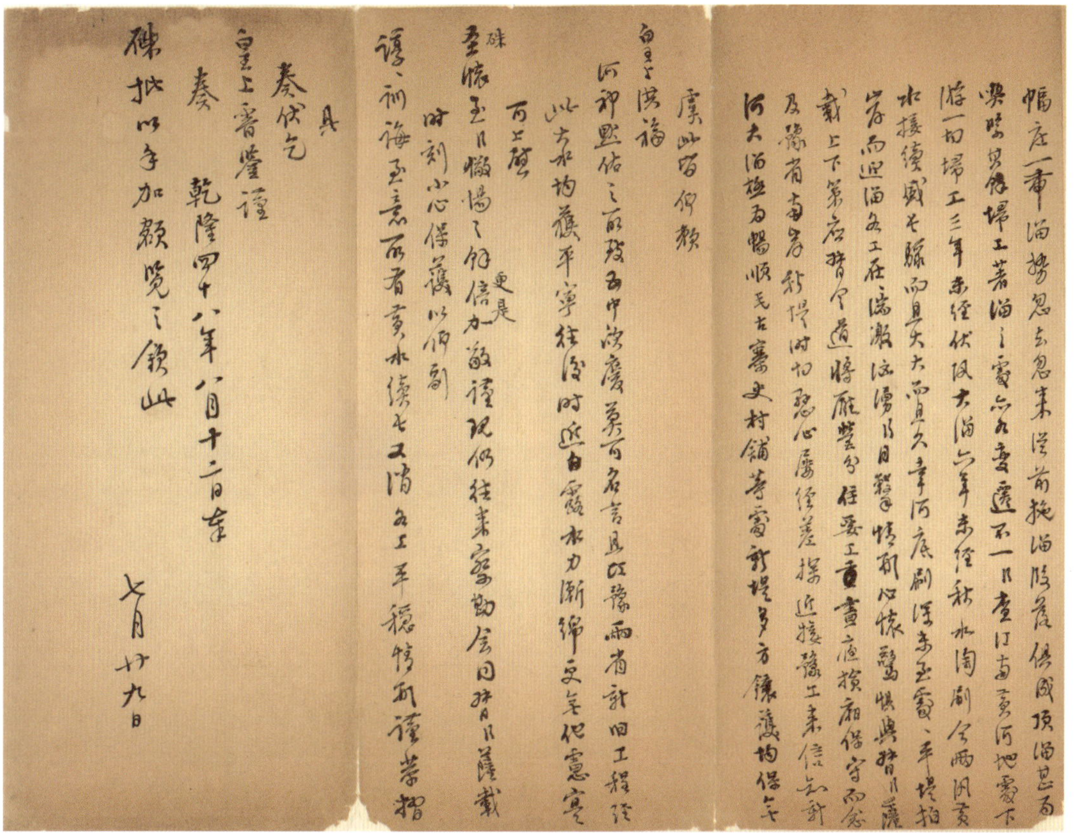

五〇八

奏

臣蘭第錫臣何裕城跪

奏爲奏明黄河水勢長落新隄間段受淤并分溜

旁注搶廂埽工平穩仰祈

聖鑒事竊照黄河水勢工程情形經臣等節次奏

聞在案查蘭陽十二堡以下新河自入伏後二十日

内水勢叠漲河流暢達惟漫灘水至隄根淺深

不等一望汪洋變遷無定臣等督率文武員弁

加廂防風不令浸泡隄根迨立秋後逐漸消落

臣等往來查勘自蘭陽至寧陵一百二十餘里

新隄根間段露出沙灘淤高三四五尺不等寧

陵以下至商邱隄尾四十餘里隄根積水較深

水中測量均受淤三四尺至五六尺不等泥沙

下注可冀全行淤墊此一帶護崖防風出水六
七尺隄後又加築裡戧雖遇北風足資抵禦惟
睢州下汛七堡至九堡史村舖地方隄形灣環
於七月初七日北風湧溜汕刷防風長三十丈
陡蟄入水各段亦節次蟄陷經通判李如槐等
晝夜搶修埽工三十三段計長三百一十七丈
現今埽前水深一丈餘尺至二丈二三尺不等
仍多貯料物以備蟄塌又儀封十四堡隄形折
向東南十四五日因落水後溜勢自睢州之高
家寨迤運上提湧注十四堡一帶經都司張建
等搶修埽工二十六段計長二百六十丈現今
埽前水深八九尺至一丈二三尺不等迨二十
二日大河長水尺餘二十四日即已消落儀封
縣毛家寨本有壩臺埽工因正河東南分溜一
股直注埽前對面數十丈外淤灘橫亘以致溜
勢逼窄洶湧該汛六堡埽工二段長二十丈陡
蟄入水丈餘上下各埽亦俱牽連平蟄情形頗
為緊要臣等聞報隨俱馳赴查勘督率道廳營

縣分投搶廂幸天氣晴和料物應手至二十七
日搶廂埽工十六段計長一百六十丈均出水
六七尺不等臣何裕城十六日在彼測量埽前
水深一丈三尺今已水深三丈三尺臣等復查
正河大溜甚為暢駛新工三段原止分溜不過
十之三四但河形已成一路均有崖岸新埽已
屆臨黄臣等抽調文武員弁籌畫料物晝夜防
護務臻穩實并於隄之南面趕築戧隄以資後
靠至現在分溜之處寬闊洶湧驟難歸入正河
一歸正河即速奏聞
此三段新工之外溜勢開行離隄根漸遠仍於
下游歸併一處直達河尾東注刻下時逾處暑
河勢大局漸定二十九至初一等日長水尺餘
現在已見消動白露不遠秋汛安瀾可以預慶
臣等現仍分督道府廳營上下查察加謹料理
不敢少有懈忽所有新河隄根淤墊情形及搶
廂埽工平穩緣由理合繪圖貼說恭摺奏
聞伏祈
皇上睿鑒謹

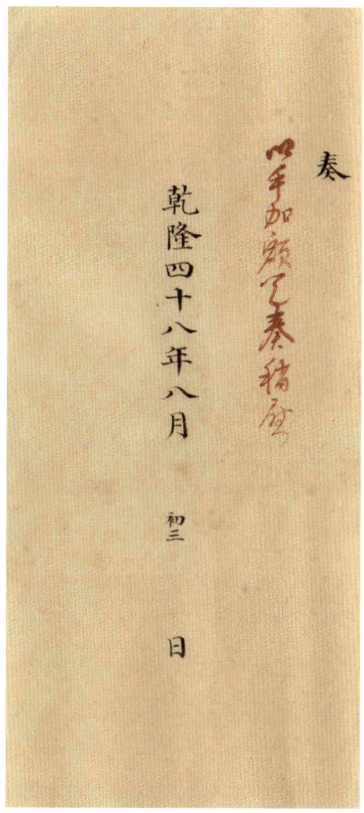

奏

四年加顧工奏稿底

乾隆四十八年八月初三日

五〇九

奏

臣薩載臣李奉翰謹

奏為欽奉
上諭恭摺覆奏事竊臣等前奏黄河水勢盛漲搶護
各工及張家馬路酌放水戧平穩情形一摺奉
到
硃批以手加額覽之秋汛即至敬之慎之欽此又摺
內張家馬路放淤將廟後撑堤挑開使水勢灌
滿內塘句上奉
硃批此法甚好欽此又接准尚書和珅字寄內開乾
隆四十八年七月二十七日奉
上諭據薩載等奏黄河水勢盛漲搶護各工及張家
馬路相機酌放水戧平穩情形一摺已於摺內批

示矣此次伏汛黄水連前共長至一丈三四尺大
溜奔騰浩瀚實為盛漲上下各廳工程如夏家馬
路張家馬路等處在在險要該督等督率在工員
弁或趕緊搶護或酌放水戧仰賴
上蒼嘉佑
河神默助得以化險為平各工保護安穩以手加額
欣慰覽之朕感荷之餘益深虔敬現在秋汛即至
新河下游在在吃緊薩載等尤宜倍加謹慎督飭
工員晝夜防守保護各工俟秋汛奏報安瀾後再
降諭旨將該督並河東江南兩總河及在事出力
員弁交部議叙以示獎勵再閱圖内張家馬路堤
後塘内清水深八九尺至一丈一二尺不等恐傷
及堤根亦為可慮此時如能放淤使水去泥澄塹
護堤根固為盡善否則亦須設法疏消毋令清水
積存堤外致貽後患上届南巡時閲視河工亦見
數處堤後尚有積水彼時曾諭設法疏消放淤該
督等並宜逐一留心查勘一律妥辦或放於堤外
以為鞏固堤工之計至薩載等另摺所奏李家莊

口門外黃水漸次增高恐致漾入淤墊新河已於
六月二十八日堵閉等語楊家莊口門出水既暢
自無須李家莊新河分溜該督等相時堵閉所辦
甚合機宜但何以未經奏及計彼時薩載已赴東
省會勘運河工程李奉翰何以亦未具奏直至降
旨詢問始行奏覆伊等豈未知朕廑念河防昕夕
懸注耶著傳諭該督等此後凡有關河務事宜俱
即隨時具奏以慰廑念將此由四百里諭令知之
欽此臣等跪誦之下感悚交集查李家莊口門
前經相機堵閉未能仰體
聖心隨時奏
聞實切惶恐時當秋汛臣等理宜督飭工員加謹保
護且頻年河務上廑
宵旰殷勤感荷
天庥今河流復歸故道臣等更當竭力修防以期安
瀾永慶仰慰
宸衷此臣等職分應盡之事乃蒙
皇上先事施恩飭俟秋汛安瀾降

旨將臣等并河東河臣及在事出力員弁交部議敘

聞

命自

天感激無地臣等敬將奉到

恩諭傳宣在工文武各員咸知感戴倍加奮勉晝夜

在工敬慎防守不使一刻少懈并經札會河東

河臣蘭第錫一體欽遵督屬防護以副

聖懷張家馬路新放淤工塘內清水較深誠如

聖諭恐致傷及堤根仰蒙

指訓應使水去泥澄或設法疏消毋令清水積存堤

不但比一處朕南巡所見者多係舊疏消然

外致貽後患

亦以斷為之

聖慮周詳至明至當臣等查該工下壩內塘自清水

灌滿以後由五道水溝而出仍歸正河進黃出

清通行灌注內塘清水原深八九尺至一丈一

二尺者今測量止水深一二尺至四五尺不等好

計已澄淤六七尺至丈許進黃口門水勢平緩

出清溝五道水深自四五尺至八九尺不等塘

更在秋後為國寶之

內仍在澄淤今秋可望淤平大堤內幫裏戧外

護埽工甚屬穩固上壩埽外溜勢日漸開行該
工可保無虞至此外舊有數處堤後積水或空
塘之處上屆恭逢
聖駕南巡時
親臨閱視指示設法辦理如順黃壩并夏家馬路等
處臣等已凜遵
聖訓用土填平其外河老壩口一工因係從前漫水
冲成深塘寬濶積水過深放淤既不放心若將
積水放於堤外而周圍俱屬民田並無可通引
渠且車水填土不惟需費浩繁附近亦無處取
土臣等前經面加籌畫惟有將堤工加幫寬厚
以資捍衛估需土方銀一萬一千餘兩當於本
年六月十三日繕摺具
奏并繪圖貼說恭呈
御覽七月十一日奉到
硃批覽奏欣慰欽此查該處加幫堤工飭令層土層
硪修築堅實現已儹辦將次工竣足資穩固其
餘各處亦在督飭道廳詳加確勘臣等惟有凜

遵
聖訓留心勘籌相機妥辦務使堤工一律鞏固以仰
副我
皇上慎重河防之至意再臣等前
奏各工搶護平穩後大河已消水二三尺不等臣
等業於七月二十九日恭摺由驛奏
聞嗣於八月初二日至初八日復又陸續長水二尺
五寸徐城誌樁仍長至一丈三尺七寸與上月
相等各工加謹修守仰賴
聖主洪福天氣晴爽風勢寧靜河流循軌暢行通工
俱屬穩固今水已平定三日時交白露可望漸
消臣等現惟嚴督各工員倍加保護以禦秋汛
安瀾上慰
聖懷所有臣等奉到
諭旨理合將感悚微忱并欽遵倍加敬慎防護緣由
恭摺由驛覆
奏伏乞
皇上睿鑒謹

奏

乾隆四十八年八月　十一　日

五一〇

奏

河南巡撫臣何裕城跪

奏為奏

聞事竊照豫省黃河灘面廣闊每遇伏秋大汛漲水漫灘串成溝槽最為黃河隱患昔年臣父何煟在任時每論及豫省黃河漫口其受病之處往往由溝槽而起蓋因漫灘之水本屬平衍而一入溝槽即得其就下之性如遇深長處所更復勢如建瓴頃刻滙聚隄根猝不及防遂致漫溢為患所關甚大因於每年霜降後飭令該管道府督率州縣廳營相度情形築做土格以禦來年漫灘之水是以當時雖逢黃水盛漲之年並無縱橫旁溢之事茲臣查近年以來如祥符八

堡時和驛考城張家油坊曲家樓等處漫口皆
由近隄處所或本係溝槽或舊有河形一經漫
水灌注遂至汕刷冲擊勢莫能禦是溝槽之不
可不預為堵截已有明驗今歲豫省黄河仰蒙
皇上指示機要大工告成導河南行勢甚暢利伏秋
兩汛黄流順軌並未出槽漫灘惟新隄南岸間
有低窪串溝近亦逐漸停淤指日節届霜降安
瀾可慶惟是臣周歷南北兩岸細為察看有舊
日溝槽刷成河形長至數里及五六十丈深五
六尺者有長三四十丈深四五尺者新舊不一
形若分支若不先期堵築早為防範必致臨時
衝刷抵禦不及為患實非淺鮮臣現飭開歸道
唐侍陞河北道康基田率同該管知府確查情
形酌量溝槽之長短築做土格一道或二道其
有逼近大河過於寬深之處並量加防風以禦
風浪撞擊隨勘隨即逐段標記俟霜降後責成
該道府親駐工所督率州縣廳營實力妥辦臣
仍不時親往查察務期堅實穩固以備抵禦倘

有狃於故習因循草率立即據實核叅以示懲
儆似此預為籌辦庶來年即遇漲水漫灘亦可
有備無虞而溢入之水更可望其澄淤免致後
患實於保護隄工大有裨益至此項工程臣父
向來俱係民夫挑土兵夫行硪臣現在循照飭
辦毋庸動帑亦不致累民理合恭摺奏
聞伏乞
皇上睿鑒謹
奏

好實力爲之

乾隆四十八年八月　二十一　日

五一一

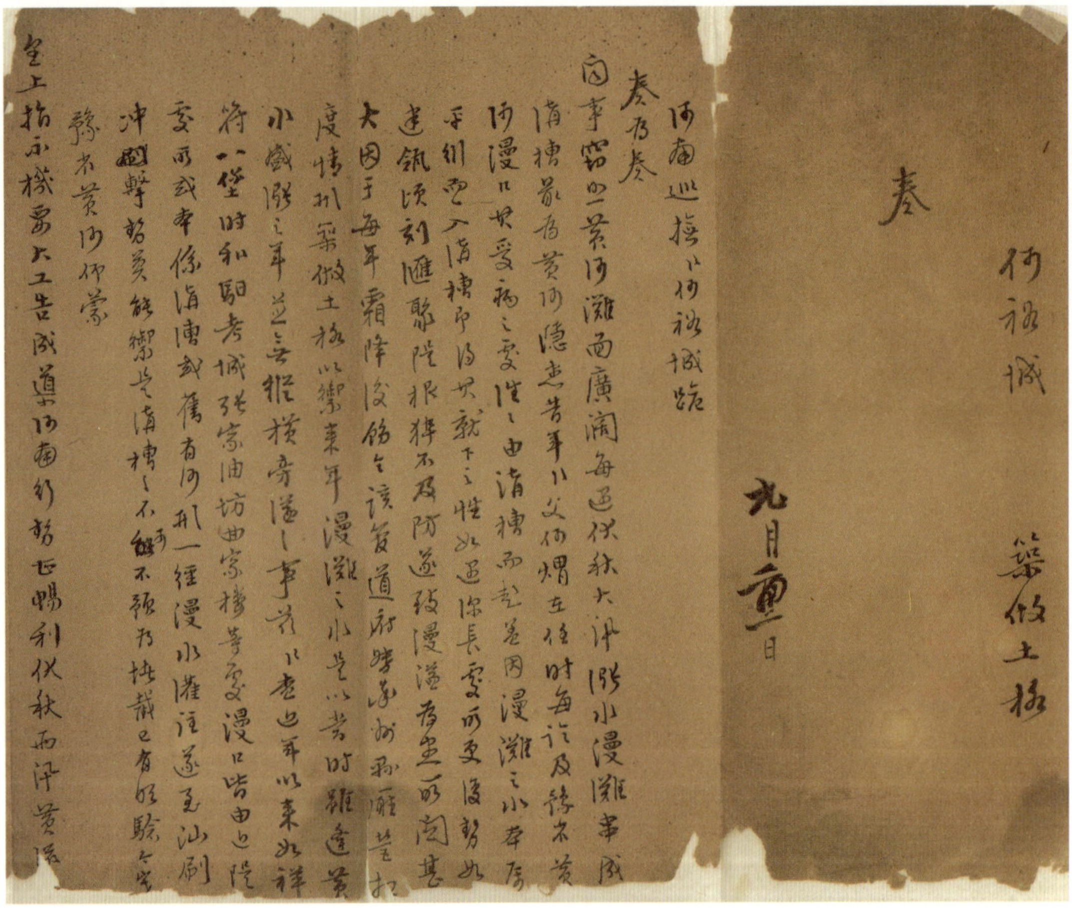
奏

何裕城

築做土格

九月 日

河南巡撫臣何裕城跪

奏為奏

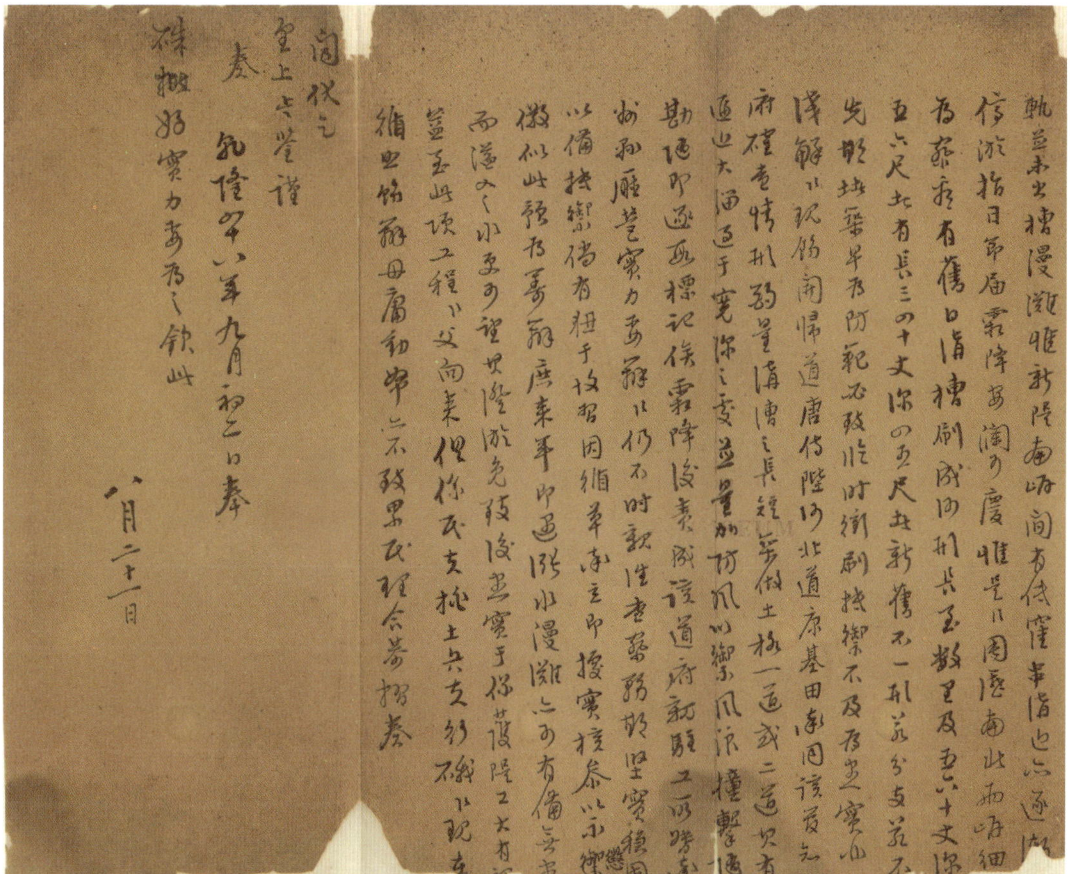

執並未出槽漫溢，雖新隄南岸間有低窪串溝之處，亦經
停淤。詢指日節屆霜降，安瀾可慶。惟是臣周歷南北兩岸，細
為察看，有舊日積槽刷成河形，長至數里及五六十丈，深
五六尺，北有長三四十丈，深四五尺，其新舊不一，形若分支，若不
先期堵築，早為防範，必致臨時衝刷，搶禦不及。應先實心
講解，臣現飭開歸道唐侍陛、河北道原基，因勘明該員加
確查情形，酌量積槽之長短，築做土格一道或二道。其有
逼近大河，迎溜寬深之處，並量加防風，以禦風浪撞擊。俟
勘定即逐一標記，俟霜降後責成該道府廳工，酌將
與和廳營實力妥辦，臣仍不時親往查勘，務期堅實穩固，
以備搶禦。倘有狃于故習，因循草率，立即據實揭參，以示懲
儆。似此預為籌辦，庶來年即遇漲水漫灘，亦可有備無虞，
而隄工亦可望其險夷，免致後患，實于保護隄工大有裨
益。至此項工程，以丈而求，但係民夫挑土築打，不致以現在
循照協辦，毋庸動帑，亦不致累民。理合恭摺奏
聞。伏乞
皇上睿鑒。謹
奏。乾隆四十八年九月初二日奏
硃批：好，實力妥為之。欽此
八月二十一日

五一二

奏

臣蘭第錫臣何裕城跪

奏爲欽奉

諭旨恭摺覆

奏事竊臣蘭第錫於八月十九日在中牟楊橋工次承准尚書和珅字寄内開乾隆四十八年八月十四日奉

上諭據蘭第錫等奏黄河水勢長落搶廂埽工平穩一摺内稱睢州下汛七堡至九堡史村舖地方隄形灣環於七月初七日北風湧溜汕刷防風晝夜搶修埽工計長三百一十七丈又儀封十四堡隄形折向東南十四五日溜勢迤邐上提湧注亦經搶修埽工二百六十丈其毛家寨壩臺埽工因溜

勢逼窄洶湧該汛六堡工段長二十丈陡蟄入水
丈餘各埽亦牽連平蟄當即督率道廳營縣分投
搶廂幸天氣晴明料物應手現在埽工均出水六
七尺等語以手加額覽奏稍慰該處新築隄工最
關緊要現在已届白露節氣如過秋汛各工平穩
俟題本到時自當明降諭旨將伊等交部議叙至
摺内所稱新工三段分溜寬闊水勢驟難歸入正
河等語此三段隄工形勢兜灣迎溜之處甚為吃
緊必得分溜全歸正河方為穩妥該督等須督率
各員弁加意防護俟溜勢一歸正河後即速奏聞
以慰厪注將此諭令知之欽此欽遵當即恭録咨
會到臣何裕城臣等跪讀之餘仰見我
皇上慎重河防
鴻施逾格臣等職司修守分應勉竭駑駘幸叨
聖主福庇汛水安瀾各工平穩自問實無出力之處
迺蒙預頒
恩旨並以新河分溜情形上煩
廑慮感激倍深悚惶無地伏查儀封六堡毛家寨距

新河頭三十餘里河頭以西崖岸稍窄不得暢
其恣肆之性一出蘭陽十二堡寬衍瀰漫奔騰
東注伏汛河水疊漲出槽坐灣變遷無定水落
後正河向東暢達一股由毛家寨西北而來本
止分溜十之三四因對面淤灘橫亘逼溜湧注
埽根致有陡蟄之事迨搶廂平穩後淤灘漸向
北刷六堡迤東復有溜形串入正河臣等調撥
大船往來排蕩以期掣溜歸正是以八月初旬
水深三丈三尺之處即已淤墊七尺經臣等奏
聞在案今又越旬日逐細探量復又淤墊三四尺埽
前最深之處僅止二丈二三尺而正河之水現
深一丈八九尺溜頗暢順是目前雖不能盡歸
正河亦斷不致全河側注至儀封十四堡隄形
折向東南本與六堡形勢不同今溜已漸向東
北埽前亦見澄淤雖上提下坐尚須酌量廂護
而情形已屬輕減詢之老兵土民僉稱此工必
能化險為平其睢州下汛七堡一帶即係上游
分溜所及因隄北距史村鋪不過里許村基斜

明年伏汛當預思早為籌度

逼河溜故該處埽工比上兩段稍為着重然溜
勢拖順修守尚易且近日村基以北亦即分溜
北趨滙入正河是皆分而復合之漸總緣新河
綿長不能不生灣出槽河灘大段平窪亦不能
不串溝分溜幸在堤根受淤之後一百七十餘
里之新堤着溜止此三段相機挑護較有把握
加以料物人夫均屬應手是以各工一律穩固
實可仰慰
聖懷再查大河水勢自八月十二日白露至二十一
日十日之内雖間有長落不過二三寸臣蘭第
錫復歴查上游上南下南下北等廳埽壩工程
俱經廂壓堅實足資保衛現距霜降尚有月餘
臣等仍督飭道廳員弁加意防守不敢少有懈
忽所有臣等接奉
諭旨日期并現在工程河勢情形理合繕摺由驛覆
奏伏祈
皇上睿鑒謹
奏

乙奏稿啓

乾隆四十八年八月　二十三　日

五一三

奏

臣薩載 臣李奉翰謹

奏為節逾秋分黃河水落工穩情形恭摺具

奏仰慰

聖懷事竊臣等前因八月初二日以後黃水又復加長徐城誌樁仍長至一丈三尺七寸時交白露可望消落情形於八月十一日附摺由驛奏

聞在案嗣於十三日起每日消水二三寸不等今共陸續消水三尺三寸徐城誌樁現存水一丈零四寸迤下各廳水勢亦逐漸消落兩岸工程均已蟄寔穩固無虞節逾秋分雖距霜降之期尚有一月而水力已弱從此當有消無長臣薩載即自徐州順勘各工南下臣李奉翰亦即由宿

桃回至清口臣等現將河工一切事宜面為商
酌并通飭各工員照常駐工加謹防守并令各
道將仍往来巡查不可因水消稍生懈忽此時
或有收拾工段亦須撙節料理不得多用料物
致滋糜費一俟將屆霜降臣等即當循例恭摺
奏報安瀾所有節逾秋分水落工穩情形理合繕
摺奏
聞仰慰
聖懷伏乞
皇上睿鑒謹
奏

所奏[illegible][illegible]慰矣

乾隆四十八年八月　二十八　日

五一四

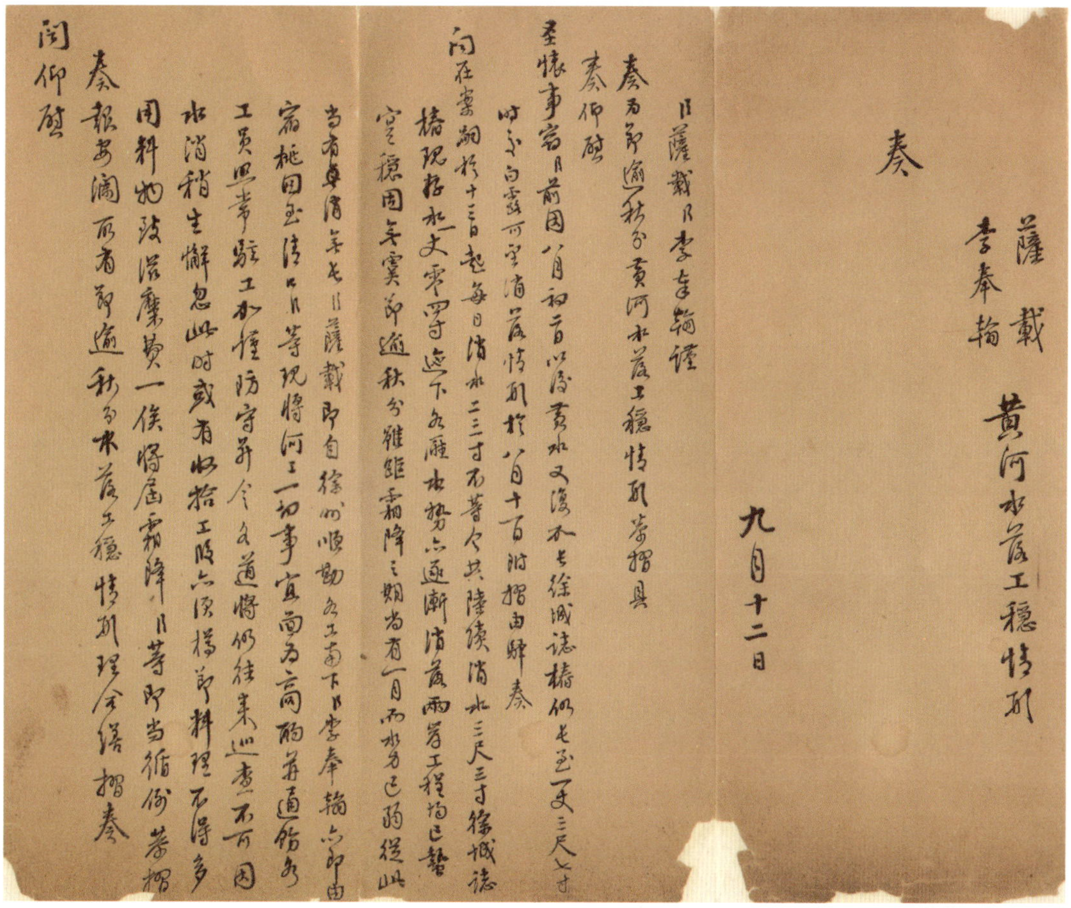

奏

薩載 李奉翰 黄河水落工穩情形

九月十二日

臣薩載、臣李奉翰謹

奏為節逾秋分黄河水落工穩情形恭摺具

奏仰慰

聖懷事。竊臣前因八月初旬以後黄水又復長水，徐城誌樁仍長至一丈三尺七寸，時屆白露可望消落情形，於八月十一日附摺由驛奏

聞在案。嗣於十三日起每日消水二三寸不等，今共陸續消水三尺三寸，徐城誌樁現存水一丈零四寸，迤下各廳水勢亦逐漸消落，兩岸工程均已鞏定穩固。今實節逾秋分，雖距霜降之期尚有一月，而水勢已弱，從此當有冀消無長。臣薩載即自徐州順勘各工南下，臣李奉翰亦即由宿桃回至清江。臣等現將河工一切事宜面為商酌，并通飭各工員照常駐工加謹防守，并令各道將仍往來巡查，不可因水消稍生懈忽。此時或有收拾工段，亦須撙節料理，不得多用料物，致滋靡費。一俟將屆霜降，臣等即當循例恭摺

奏報安瀾。所有節逾秋分水落工穩情形，理合繕摺

奏

聞，仰慰。

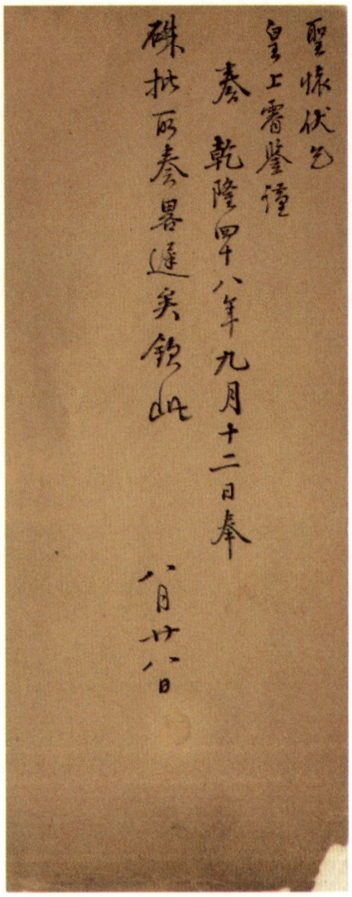
聖懷伏乞
皇上睿鑒謹
奏 乾隆四十八年九月十二日奉
硃批所奏畧遂矣欽此
八月廿八日

五一五

奏

署理河東河道總督臣蘭第錫跪

奏爲

奏明欽奉

批旨日期並黄河工程平穩仰祈

聖鑒事竊臣於八月二十二日在豫省會同撫臣何

裕城覆奏奉

旨詢問新河分溜情形一摺於九月初十日臣在運

河南陽舟次准兵部由馬遞發回欽奉

硃批覽奏稍慰欽此又於目前雖不能盡歸正河亦

斷不致全河側注句旁奉

硃批明年伏汛當預思具圖來看欽此仰見我

皇上厪念河防無時或釋前臣於八月二十七日自

豫起程時水勢日見消落新隄工程三段埽前溜勢已平並未蟄動臣隨由黄河下游順道察看曹單一帶工程悉臻穩固其虞城交界之碭山毛城舖現尚過水二尺餘寸至徐州水誌臣經過時見增長數寸當經委員馳往新隄確查水勢於初十日接據開歸道唐侍陛禀報蘭陽十二堡以下新河於初三四等日共長水八寸大溜由中泓暢達下注儀封六堡毛家寨埽前拖溜平順其十四堡一工溜勢開行漸已淤閉惟睢州下汛七堡一帶因水長溜緊埽工微見平墊現均廂護平穩水勢亦漸消落等情前來查節屆寒露大河水勢有消無長工程可期鞏固此時距霜降不遠惟有隨時謹遵

聖訓體察情形預籌明年伏汛之計臣離豫省已逾旬日飛飭該道等再將現在情形確實查勘一面咨會撫臣何裕城遵

旨繪圖貼說另行會摺具

奏臣現由濟寧前赴南旺臨清等處將各塘長河

道本年應挑淤淺要工率同沈啟震等逐細確
勘核估籌議奏請
訓示仍即於十月內馳往豫工會同何裕城勘商一
切理合先將欽奉
批旨日期及現在黄河工程平穩緣由恭摺奏
聞伏祈
皇上睿鑒謹
奏

知道了

乾隆四十八年九月　十二　日

五一六

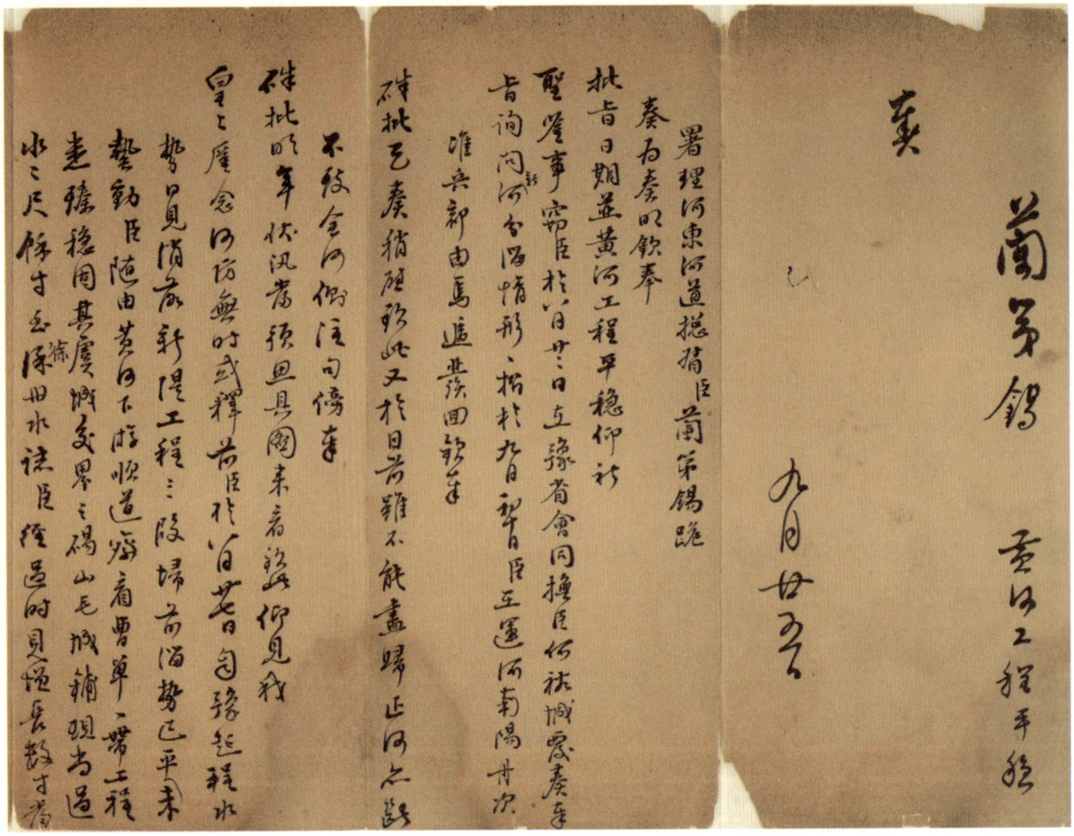
奏

蘭第錫

黃河工程平穩

九月廿五

署理河東河道總督臣蘭第錫跪

奏為奏明欽奉

批旨日期並黃河工程平穩仰祈

聖鑒事。竊臣於八月廿二日在豫省會同撫臣何裕城密奏奉

旨詢問河水情形一摺，於九月初四日臣在途河南陽武次

准兵部由馬遞發回欽奉

硃批：已奏。猶慮稍延，又於日前雖不能盡歸正河之路，

不致全河倒注，自屬有益。

硃批：昨年伏汛甚猛，且具圖來看。欽此。仰見我

皇上廑念河防，無時或釋。前臣於八月廿八日自豫起程，水

勢日見消落，新隄工程三段埽前溜勢已平，未

整飭。臣隨由黃河下游順道察看曹單一帶工程，

甚臻穩固。其虞城、夏邑縣交界之碭山毛城鋪現尚過

水二三尺，係寸丢保餘保田水涼，臣經過時見積長數寸者

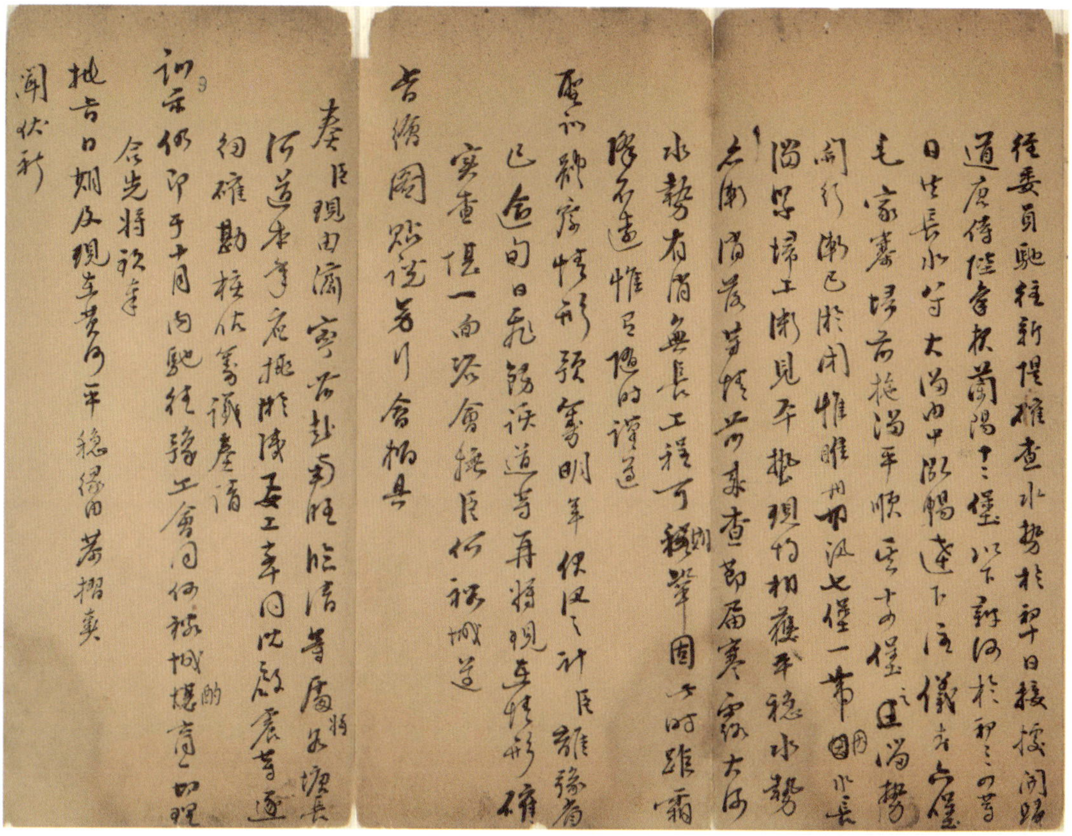

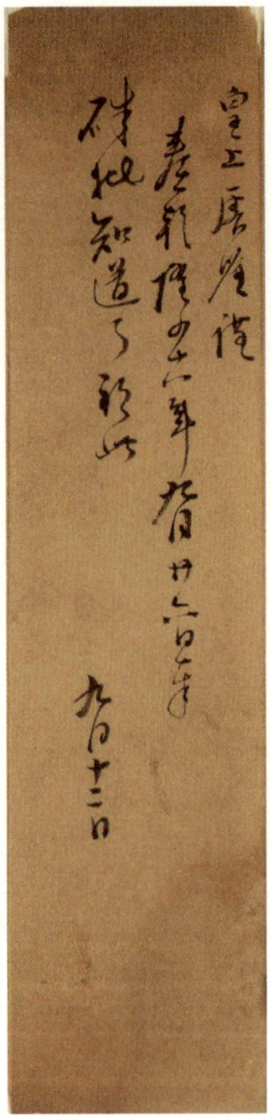

皇上睿鑒
奏乾隆四十六年八月廿六日奉
硃批知道了欽此
九月十二日

五一七

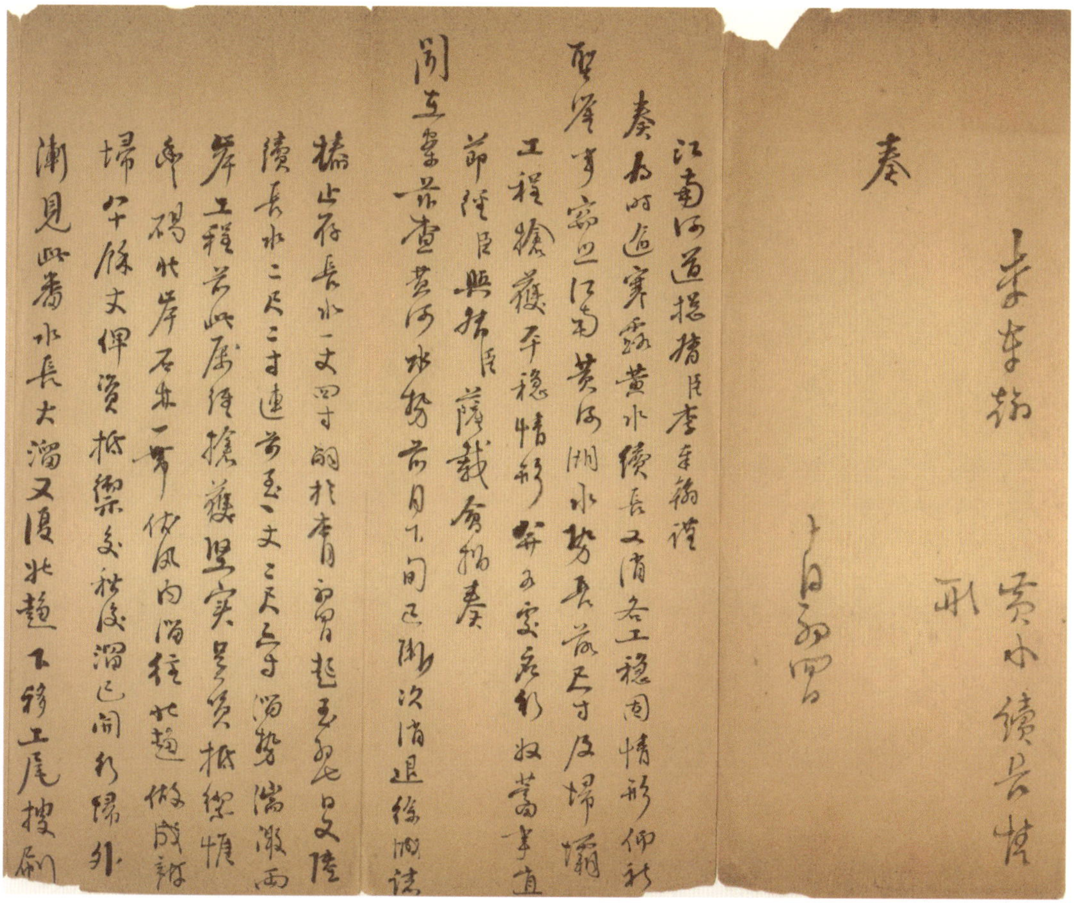
奏

李奉翰 黄水續長情形摺

七月初四日

江南河道總督臣李奉翰謹

奏爲恭報黄水續長又消各工穩固情形仰祈

聖鑒事竊照江南黄河伏水勢長前又消及埽壩

工程搶護平穩情形[illegible][illegible][illegible][illegible]收蓄事宜

節經臣與撫臣薩載會摺奏

聞在案嗣查黄河水勢前月下旬已漸次消退緣湖諸

橋止存長水一丈四寸詎於本月初四日起至初七日又陸

續長水二尺二寸連前長至一丈二尺六寸溜勢湍激兩

岸工程其險處經搶護堅實足資抵禦惟

[illegible]碼北岸石工一帶伏風内溜往北趨做成新

埽四十條丈俾資抵禦及秋後溜已回行歸外

灘見此番水長大溜又復北趨下移工尾搜刷

堤坡形勢喫緊章新料動工呈資應手搶
傍消除過劉錫嘏總兵鄭左營副將李永吉
等會同搶辦十日之內工尾又接做新埽四十餘
丈藉資捍衛保守無虞其餘各工雖有平墊
汕刷處所只須量為收拾加廂不致多[illegible]糜費
今初十以後水勢即已消動數日以來共已消水
一尺八寸埽壩工程一律穩固其東省微山湖內
若因水勢大消經臣將尾閭藺家山挖灘處
一面
奏明四閘（諸閘）收蓄以濟來春重運一面精傍價辦業于
本月十三日堵合完竣韓莊湖口閘誌樁現存
湖水丈二尺八寸較往年收水之法尤為無絀
下游邳宿桃清等處運河水深一丈三四五尺至
河之處亦有八九尺不等回空漕船迅速過境
無阻（阻）沸較往年為早目下黃河水勢已見
二千二百條復臣沿途妥為文移更需節節查催
不使遲逾傳泊俾（昇）趁汛受兌旅有時逢寒露
芒水續長又消各工穩固形護等摺思

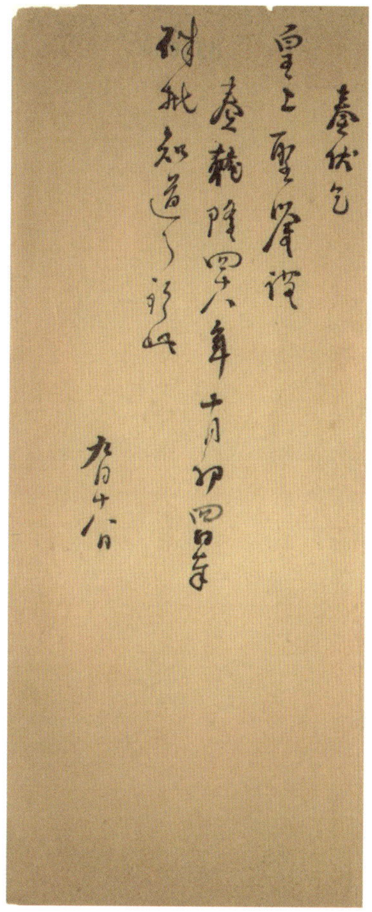
奏伏乞
皇上聖鑒謹
奏 乾隆四十八年十月初四日奉
硃批知道了欽此
九月十八日

五一八

奏

署理河東河道總督臣蘭第錫跪

奏為

奏請酌定黃河大堤種柳地界並申嚴近堤取土之禁以重河防事竊查黃河要工全恃大堤為保障堤工兩傍例應留出餘地種柳護堤臣到豫東數月周巡上下兩岸見堤傍柳地寬窄不一有離堤十丈許者有僅止三二丈者緣未劃定界限民人藉口守業粮地每於柳株空隙之處即行侵耕以致參差稀踈臣思柳株為河工要料必應廣為栽植況堤根翻犁地面虛鬆水至易於沖刷更當嚴切示禁臣檢查沿河州縣誌乘所載百餘年來仰荷

列聖殊恩豁免堤河壓挖地粮幷減除灘地深沙浅沙
塩碱等項額賦每處均有數十頃至數百頃以
及千餘頃不等我
皇上乾隆元年
俯允臣工條奏
特諭河南撫臣富德查明南北兩岸鄭州武陟等十
四州縣共豁免堤壓柳佔地二百一十九頃零
幷蒙
諭令山東撫臣岳濬查明豁免曹單二縣壓佔地畝
即本年豫省新堤告成豁免睢州寧陵等六州
縣壓佔地五百七十二頃零共除粮銀三千餘
兩並將河灘地畝按照灘粮之例分別減額銀
八千六百餘兩是新舊壓佔地畝均已先後除
粮安得復在柳行內貪利侵種但積習已久必
須立定丈尺界限明白曉諭使官民各知遵守
臣前在永定河時該處堤帮十丈內皆係種柳
官地似此黄河要工自應更加慎重現值秋汛
一交冬令即當廣種蕚柳臣請將黄河大堤兩

帮自堤脚以下均各留出十丈餘地其月格魚鱗等堤係屬重門保障亦各留出五丈為界界限以内臣飭令道廳員弁務於今冬明春率領兵夫遍栽長柳卧柳俾柳根草叢盤結堅實雨水不致沖刷柳株易於長養嗣後如有私行耕犁以及種柳短少即將工員並地方官嚴行叅處以昭懲儆此外除粮柳地或有不止十丈五丈之處并額設楊柳官園地畝臣仍移會豫東撫臣行令地方官逐細清查普律歸工種柳毋致侵隱至河工隐患最忌順堤窪形豫東黄河灘面甚寬自南岸至北岸遠者三四十里近亦有十餘里自河崖至堤根均有數里及一二十里不等每逢伏秋大汛挾帶泥沙之水一經出槽隨處停淤迨至堤根漸已澄清是以灘面積淤常厚而堤根受淤恒薄溝槽窪形多由此起更有近堤取土之弊始則間段坑塘久則大成河形其害滋甚伏查築堤取土或百餘丈或里許近者離堤二十丈或十五丈外此定例也近

因堤帮數丈以外即係民人耕種熟地每逢取
土多方阻撓工員庸懦畏事遂爾就近挖取且
可貪圖省費臣查築堤正以衛民黄河内外灘
地既已減除粮賦况取土之後仍可犁平播種
何得踞佔阻撓自應申明定例以裨要工惟是
大堤之頂高於臨河灘面不過數尺至丈許高
於堤後地面均在二三丈以上取土難易不同
遠近自應區别臣請嗣後加培堤工在臨河一
面内灘取土者務在二十丈以外在堤後取土
者務在十丈以外如此酌定界限既不致順堤
成河亦不致民夫藉遠增價似屬易於遵守至
溝槽窪形近年所築土壩土格分别廂做防風
尚俱認真現復經撫臣何裕城
奏明飭屬堵辦臣惟有督率河工地方各官查明
灘内一切支河溝形層層節節以次堵築並酌
看地勢將可以歸入正河之處在於河唇抽挑
倒勾引渠俾漫灘之水仍可即歸中流以免沿
堤串注釀成隱患似於補偏捄敝之法更為周

密臣蒙

皇上格外

天恩不次超擢專任河防惟有遵守治河章程竭力督屬辦理茲因日久奉行之事漸至滋弊敬陳

管見恭請

訓示遵行伏祈

皇上睿鑒謹

奏

朕用汝為總河因初任實屬廑念今觀汝奏竟有定見大慰朕懷餘另有旨諭

乾隆四十八年九月　二十　日

五一九

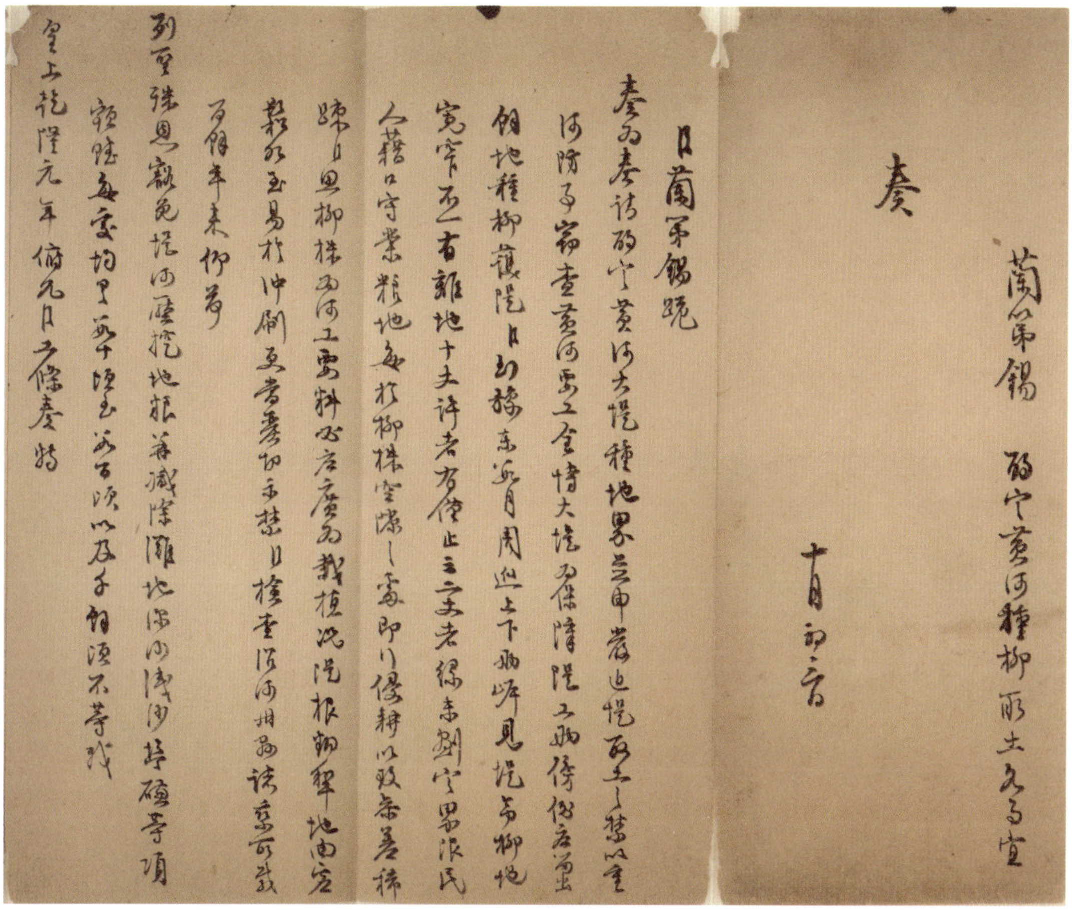
奏

蘭第錫 爲守黃河種柳所土名多宜

十月初二日

臣蘭第錫跪

奏爲奏請爲守黃河大堤種地界並申嚴近堤取土之禁以重

河防事。竊查黃河要工全恃大堤，而保障堤工兩傍俱應留

餘地種柳護堤。臣到豫來每月周巡上下兩岸，見堤前柳地

寬窄不一，有離地十丈許者，有僅止二三丈者。緣未劃定界限，民

人藉口守業，類地無存柳株，空缺之處即行侵耕，以致無從蓄[illegible]

[illegible]。且思柳株爲河工要料，必應廣爲栽植，況堤根[illegible]地面，宜

[illegible]取土，易於沖刷，更當嚴切示禁。臣檢查沿河州縣該處可栽

[illegible]年來仰[illegible]

[illegible]

[illegible]

皇上[illegible]

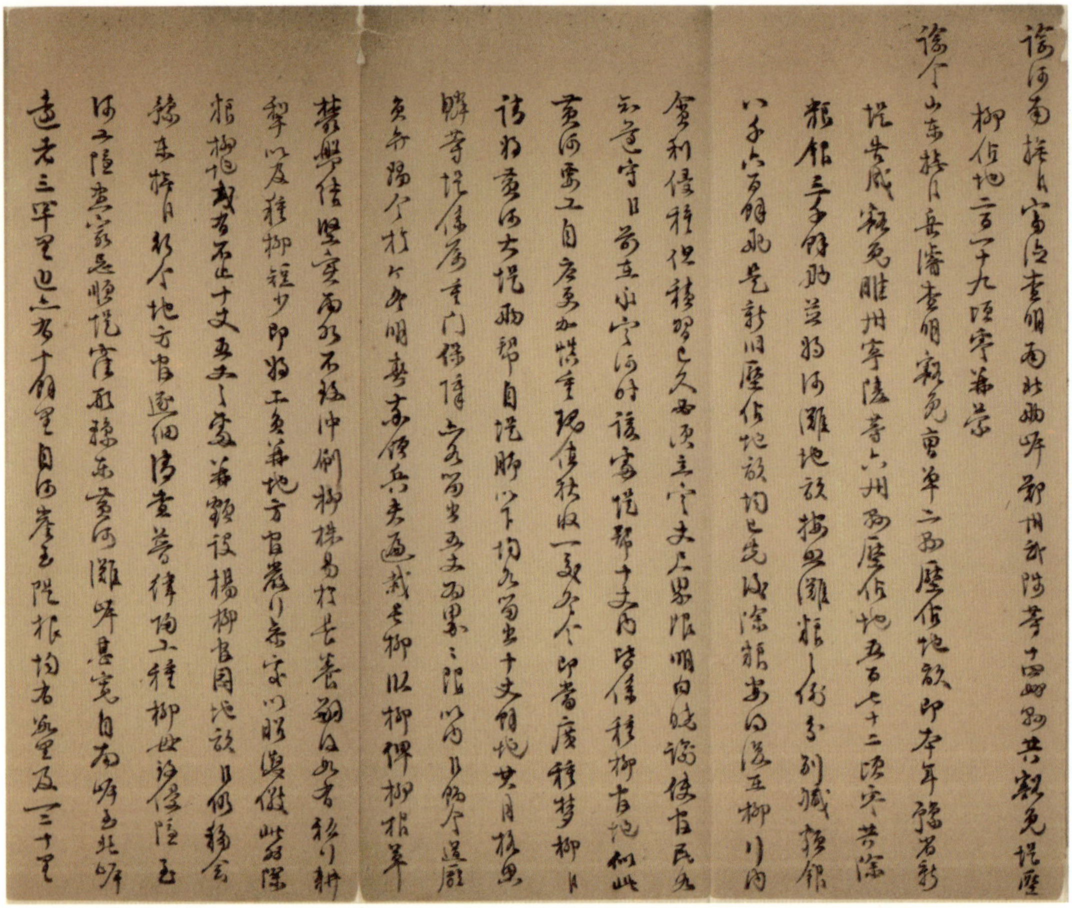

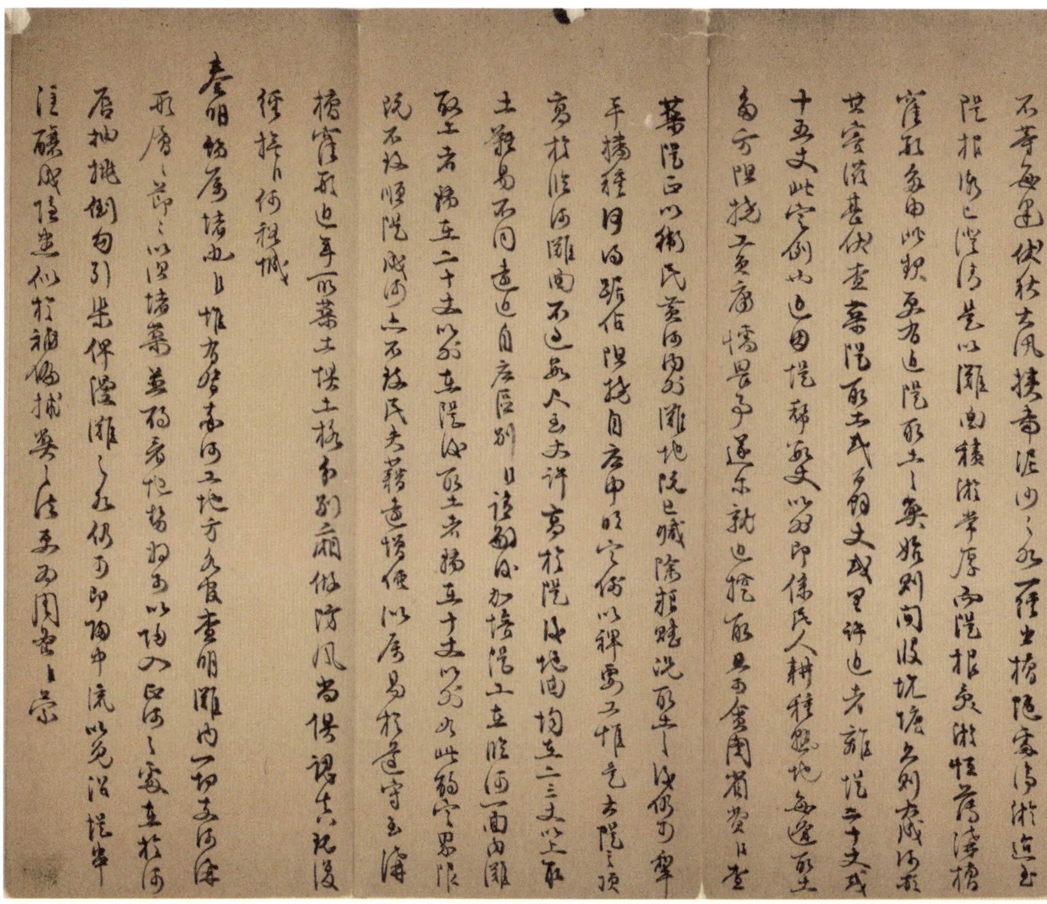

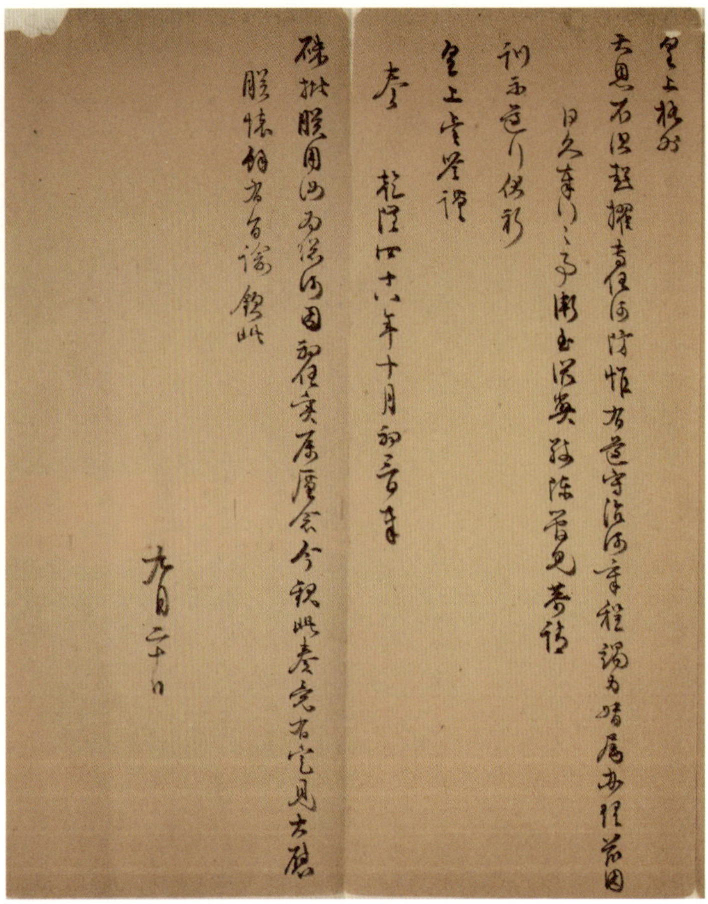

五二〇

奏

河南巡撫臣何裕城跪

奏為恭報霜降已過黃河秋汛安瀾工程鞏固仰

慰

聖懷事竊查豫省黃河白露以後水勢平安經臣恭

摺

奏報在案茲於九月初旬以內各工節次長水一尺八寸至二尺五寸不等旋即消落上游北岸各工均極穩固惟南岸上南河廳屬之中牟九堡及安家庄雁翅埽十二堡楊橋大壩鄭州汛之邰家寨並下南河廳屬之黑堽等處或因長水時溜勢逼注或係落水上提一經淘刷埽底屢見蟄陷臣飭令該管道廳汛弁隨時搶鑲穩

固現因新河去路通暢是以長水並無停蓄各
處埽壩工程俱各一律崇墉堅實至蘭陽以下
新堤如儀封之六堡十四堡睢州下汛七堡各
埽工水長時亦均有行蟄之處隨蟄隨鑲均極
平整埽外並有停淤其商邱一帶亦間段露有
淤灘惟掃灣處所尚水深一丈餘尺及七八尺
不等溜勢平緩向北東趨現在溜走新河尾中
泓甚為暢順向後水勢有消無長河槽日益衝
刷深通流行愈資暢達實堪仰慰
睿慮至原築新堤之各州縣及派令督辦之道府等
官臣前因白露雖過河水尚屬消長靡常仍飭
令駐劄各工晝夜防守現在水勢已定且節逾
霜降保固三汛期滿該州縣等皆有地方之責
應均令各回本任其隨帶夫役人等亦一體撤
回臣仍嚴飭該管道廳員弁小心分段巡防不
得因已過霜降稍有懈弛以仰副
皇上慎重河防至意所有霜降已過工程鞏固緣由
理合恭摺

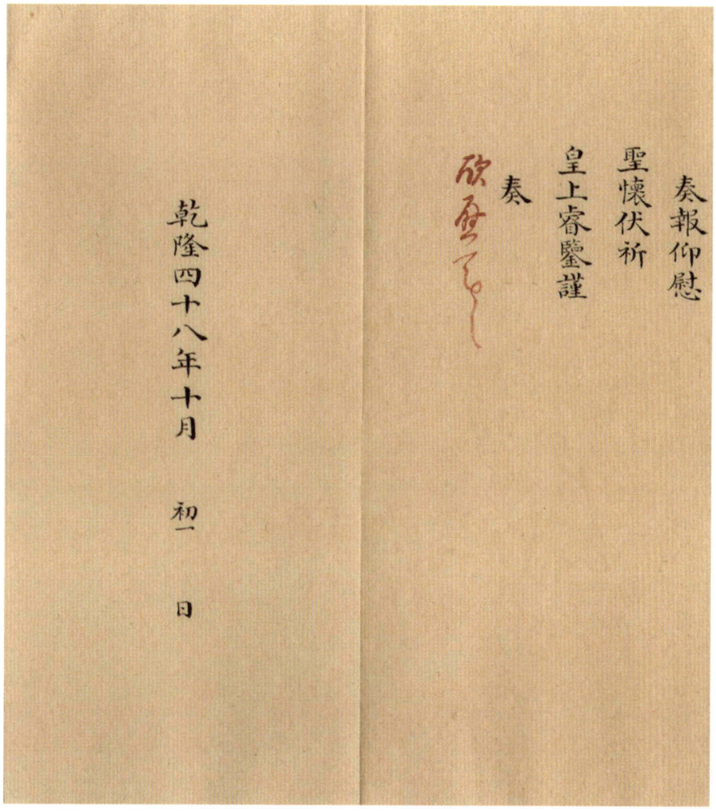

奏報仰慰

聖懷伏祈

皇上睿鑒謹

奏

欣慰覽之

乾隆四十八年十月　初一　日

五二一

奏

臣薩載臣李奉翰謹

奏為黃河形勢兜灣刷成新河仰祈

聖鑒事竊照豐碭廳屬郭家堂一帶黃河坐灣溜勢偏趨南岸田家樓埽工頂衝迎溜十分喫緊大汛修防甚為費力查該處老灘東西寬有二百餘丈久擬挑挖引渠引溜直趨因一時不得河頭難冀辦成今歲黃流歸復故道之後溜勢上提下移去來無定臣等指示道廳留心察勘相機料理嗣於九月初間據淮徐道劉錫嘏稟稱該處溜漸北趨當即調撥兵夫遵照指示先於灘崖挑切順勢半月來坍塌甚緊老灘已塌去八十餘丈郭家堂得有河頭可以挑挖引渠因

勢利導臣等隨飛飭該道發銀開挑去後旋據
該道及將備等稟稱郭家堂灘面正在挑挖引
渠上口寬十六丈下口寬十丈深五六尺不等
止動用銀二百餘兩尚未挑成而河溜日見塌
進勢甚迅速九月十七八等日適值風緊溜湧
即乘勢啟放掣動河流一二日内引河頭已刷
寬六七十丈引河尾已刷寬九十餘丈水深一
丈二三尺至一丈五六尺不等臣等因溜勢甫
趨北岸恐有改移復令道將等住宿該工察看
隨勢疏導兹續據稟報新河内又刷寬五六十
丈河頭連前共寬一百二十餘丈河尾連前共
寬一百三十餘丈深有一丈八九尺至二丈不
等全河大溜暢達直注南岸田家樓埽工長五
十九丈現經淤閉舊河灣内水色澄清往後即
可漸次淤平等情臣等查郭家堂老灘横亘河
心大溜偏趨南岸今從正中建瓴下注不煩人
力不費錢糧而十餘里黄河曲折兜灣忽然取
直歸中田家樓埽工立致化險為平此皆

聖主誠敬感孚
河神默佑是以昭茲顯應臣等實深慶幸理合會
摺奏
聞并繪圖貼說恭呈
御覽伏乞
皇上聖鑒謹
奏
欣慰覽之餘有旨諭
乾隆四十八年十月　十三　日

五二二

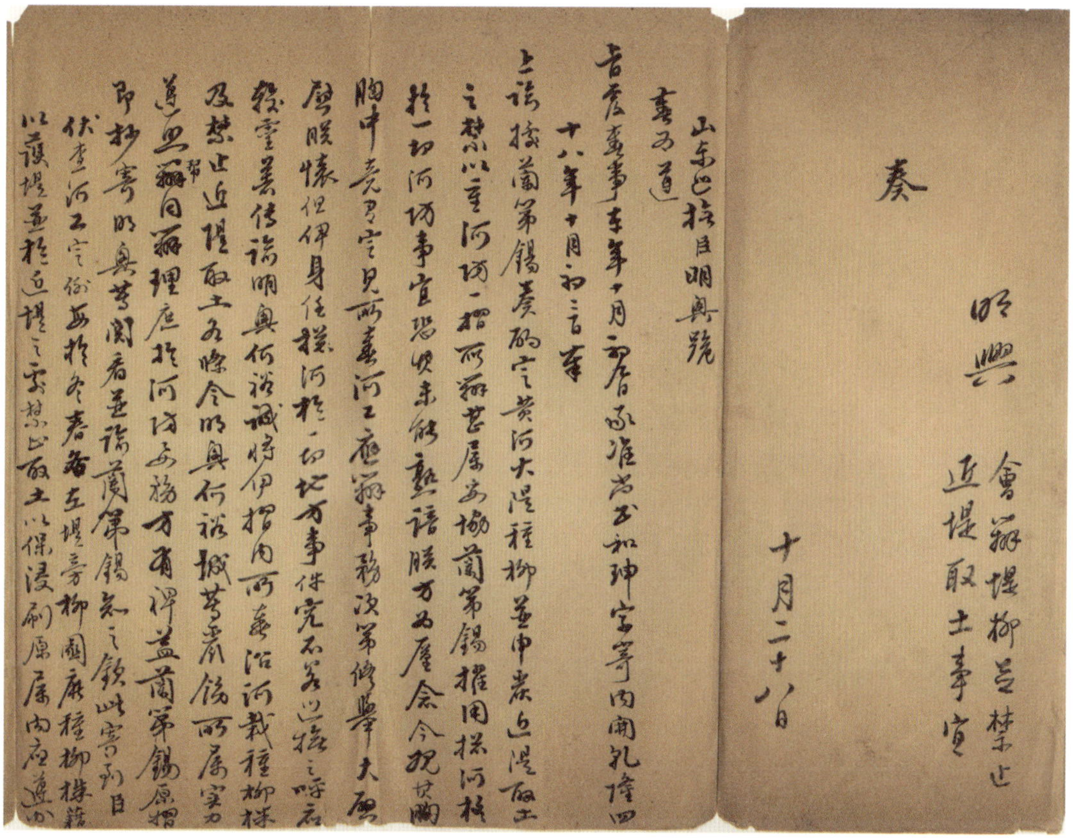

奏

明興

會辦堤柳並禁止

近堤取土事宜

十月二十八日

山東巡撫臣明興跪

奏為遵

旨覆奏事。本年十月初八日准尚書和珅字寄內開：乾隆四

十八年十月初三日奉

上諭：據蘭第錫奏稱黃河大堤種柳並申嚴近堤取土

之禁以重河防一摺，所辦甚屬妥協。蘭第錫擢用總河，

於一切河防事宜，想俱素所熟諳，朕方為屢念。今觀其

胸中竟是實見，所奏河工應辦事務，次第修舉，大屬

愜朕懷。但伊身任總河，於一切地方事件究不能以總之，呼應

較靈。著傳諭明興，何該撫將伊摺內所奏沿河栽種柳株

及禁止近堤取土各條，令明興何該撫等飭所屬實力

遵照辦理，庶於河防有裨。並諭蘭第錫原摺

即抄寄明興閱看，並諭蘭第錫知之。欽此。寄信到臣。

伏查河工定例每於冬春之時在堤旁柳園處種柳株，藉

以護堤，並於近堤之處禁止取土以保浸刷，原屬內應遵

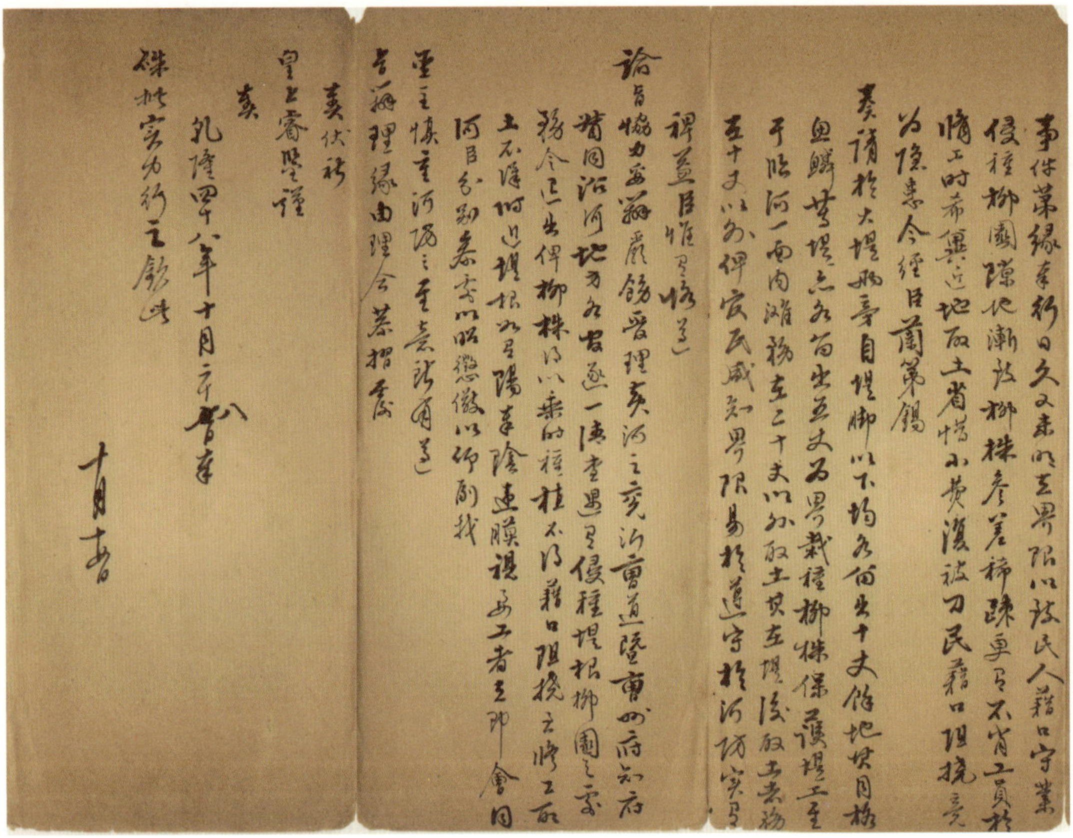
事件業緣奉行日久又未明定界限以致民人藉口守業
侵種柳園隙地漸致柳株參差稀疏更有不肖工員於
修工時希冀近地取土省費小費護民藉口阻撓竟
為隄患今經臣蘭第錫
奏請於大隄兩旁自隄腳以下均各留出十丈作地以植
魚鱗葦堤亦各留出五丈為界栽種柳株保護堤工至
于臨河一面內灘務在二十丈以外取土其在堤後取土者務
在十丈以外俾官民咸知界限易於遵守於河防實足
裨益臣惟有恪遵
諭旨協力妥辦嚴飭管理黃河之兗沂曹道暨曹州府知府
轉飭沿河地方各官逐一清查遇有侵種堤根柳園之處
務令退出俾柳株得以乘時栽植不得藉口阻撓又修工取
土不得附近堤根如有陽奉陰違瞞混妄工者立即會同
河臣參劾嚴參以昭懲儆以仰副我
皇上慎重河防之至意所有遵
旨辦理緣由理合恭摺覆
奏伏祈
皇上睿鑒謹
奏
乾隆四十八年十月二十八日奉
硃批[illegible][illegible]行[illegible]欽此
十月[illegible]

五二三

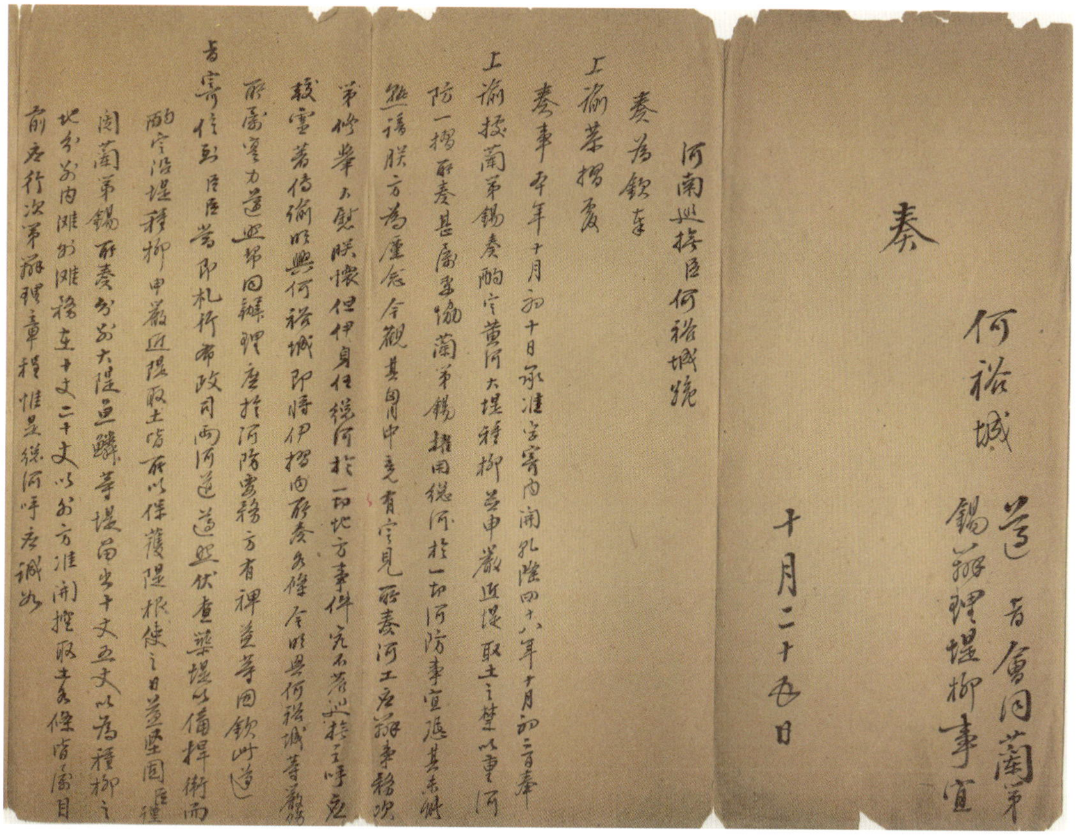

奏

何裕城 遵旨會同蘭第錫辦理堤柳事宜

十月二十五日

河南巡撫臣何裕城跪

奏爲欽奉

上諭恭摺覆

奏事。本年十月初十日承准字寄，内開乾隆四十六年十月初二日奉

上諭：據蘭第錫奏酌定黄河大堤種柳並申嚴近堤取土之禁以重河防一摺，所奏甚屬妥協。蘭第錫雖因總河於一切河防事宜應其責成，然據朕方爲屢飭，今觀其摺中竟有實見，所奏河工應辦事務，次第修舉，大慰朕懷。但伊身任總河，於一切地方事件究不若巡撫之呼應較靈。著傳諭國泰、何裕城，即將伊摺内所奏各條，令國泰、何裕城等飭所屬實力遵照，幫同辦理，庶於河防要務方有裨益等因。欽此。遵

旨寄信到臣。臣當即札行布政司、兩河道遵照。伏查築堤以備捍衛，而酌定沿堤種柳，申嚴近堤取土，皆所以保護堤根，使之日益堅固。臣查閱蘭第錫所奏，分别大堤、魚鱗等堤，留出十丈五丈以爲種柳之地，分别内灘外灘，務在十丈二十丈以外方准開挖取土各條，皆屬目前應行次第辦理章程，惟是總河呼應誠如

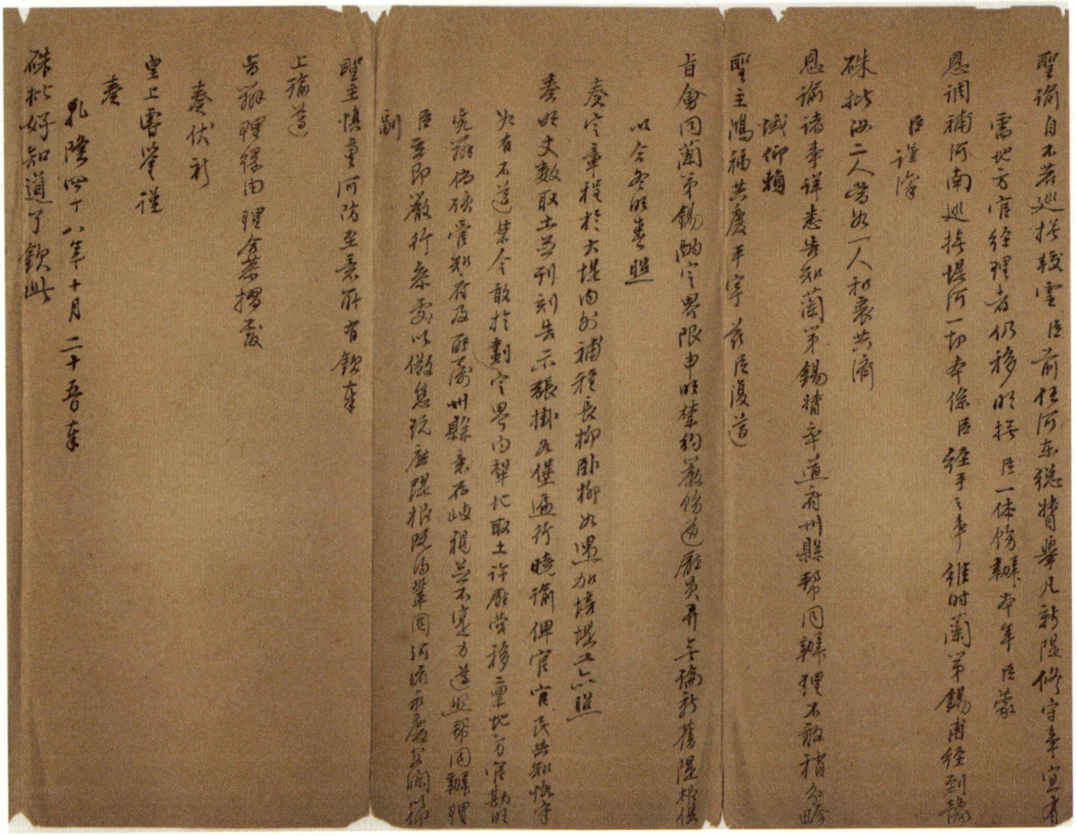

聖諭自不若巡撫較重 臣前任河東總督業已新隄修守事宜有
需地方官經理者仍移明撫 臣一體飭辦本年 臣蒙
恩調補河南巡撫堤河一切本係 臣經手之事 維時蘭第錫甫經到豫
臣謹將
硃批此二人當如一人和衷共濟
恩諭諄切詳悉告知蘭第錫轉率道府州縣幫同辦理不敢稍分畛
域仰賴
聖主鴻福共慶平穿 茲臣復奉
旨會同蘭第錫酌定界限申明禁約嚴飭道廳員弁於新舊隄根俱
以今冬明春照
奏定章程於大堤內外補種長柳卧柳以為加培堤工之助
奏明丈數取土并刊刻告示張掛各堡遍行曉諭俾官民共知懍守
如有不遵禁令敢於劃定界內犁挖取土許廳營移會地方官勘明
究辦倘該管知府及所屬州縣意存歧視並不實力遵照幫同辦理
臣當即嚴行參處以儆怠玩庶隄根既固葦固河流永慶安瀾以仰
副
聖主慎重河防至意所有欽奉
上諭遵
旨辦理緣由理合恭摺覆
奏伏祈
皇上睿鑒謹
奏
乾隆四十八年十月二十五日奉
硃批好知道了欽此

幫同辦理庶於河防要務方有裨益蘭第錫原摺
即抄寄明興等閲看並諭蘭第錫知之欽此字寄
到臣伏查河工定例每於冬春各在堤旁柳園
廣種柳株藉以護堤並於近堤之處禁止取土
以保浸刷原屬向應遵辦事件第緣奉行日久
又未明立界限以致民人藉口守業侵種柳園
隙地漸致柳株參差稀疎更有不肖工員於修
工時希異近地取土省惜小費復被刁民藉口
阻撓竟爲隱患今經臣蘭第錫
奏請於大堤兩旁自堤脚以下均各留出十丈餘
地其月格魚鱗等堤亦各留出五丈爲界栽種
柳株保護堤工至於臨河一面内灘務在二十
丈以外取土其在堤後取土者務在十丈以外
俾官民咸知界限易於遵守於河防實有裨益
臣惟有恪遵
諭旨協力妥辦嚴飭管理黄河之兖沂曹道暨曹州
府知府督同沿河地方各官逐一清查遇有侵
種堤根柳園之處務令退出俾柳株得以乘時

種植不得藉口阻撓至修工取土不得附近堤

根如有陽奉陰違膜視要工者立即會同河臣

分別叅處以昭懲儆以仰副我

聖主慎重河防之至意所有遵

旨辦理緣由理合恭摺覆

奏伏祈

皇上睿鑒謹

奏

實力行之

乾隆四十八年十月 二十四 日

五二五

奏

署理河東河道總督臣蘭第錫跪

奏爲

奏請黄河負弁移住堤頂公同管轄兵夫以重修
防事竊查豫東黄河兩岸綿長一千餘里設立
文武員弁六十餘人按各州縣疆界劃分汛地
每汛有文有武文員專管堡夫堆積土牛武弁
单轄兵丁栽種柳株伏秋大汛率領住堤搶要
修守一過霜降散居村落惟於險工料廠酌留
兵夫看守間有武弁駐宿其餘平工僅止差兵
遊巡别無常川住堤之人臣查防護機宜固在
大汛未雨綢繆全重平時堤工之整殘水勢之
變遷必須朝夕在堤身履目睹較爲親切車馬

之踐踏獾鼠之洞穴尤應晝夜梭巡方為慎密况冬末有凌汛春融有桃水與夏秋大汛接踵繼至河員職任修防實有日不暇給之勢雖住居堤傍不過數里然晨至暮歸究不若按段住堤以收專心致志之益臣數月以來悉心體察所以向不住堤之故實緣堤頂例禁民居汛員獨住孤堤未免多不妥便臣伏思道廳各員經手錢糧自應附居城市村莊以昭嚴密文武汛員領項無多易於防範且每汛各有兵夫書役儘可派撥同住臣請嗣後黃河各工除道廳外文武員弁應將堤工段落丈明里數分汛經管俱令於堤工緊要之處蓋房居住所有新議建署之員即令就堤建蓋其餘舊有署守在各村莊及並無官房者均令借廉移蓋或酌動閒款銀兩辦理至堤頂二里一堡額夫二三名不等每名每月僅止工食五錢各有額積土方勢難責令終年住堤河營兵丁從前僅止一千一百餘名不敷分堡之用嗣經添兵九百八十餘名

足敷分撥臣請於夫堡二座之間添設兵堡一處派兵二名常川住居汛期晝夜巡防平時力作積土不許私自下堤再查向来舊規堤埝係文員平墊柳樹係弁兵培護彼此各有諉卸責成反覺兩岐臣請將文武汛員分管之段落一切兵夫及土牛子埝柳株等項即責成分駐之員一體兼管如兵丁懈玩即令文員究報堡夫曠悞亦令武弁詳革惟支領工食分散餉銀仍令照舊分司其事以符體制如此則文武員弁以堤為家以兵夫為指臂平險工段星羅碁布聲息呼吸可通文武呼應皆靈堤頂多一人之駐守即工程多一分之實濟似於河防較為有裨臣管窺之見是否有當謹專摺具奏恭請

皇上睿鑒訓示遵行謹

奏

如所議行

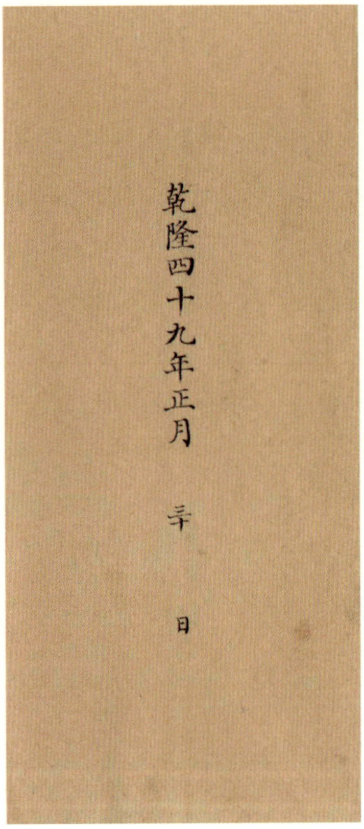

乾隆四十九年正月三十日

五二六

奏

漕運總督臣毓奇跪

奏爲奏
聞事竊臣於魏家莊跪送
聖駕後即欽遵
諭旨星馳回南於初十日行至費縣途次接據委辦
簽盤之湖南糧道董世明等稟稱南糧幫船現
經各委員實力儹催飛挽前進截至二月初二
日止已渡江船連前共有二十幫已過淮船連
前共有十一幫其渡黃幫船自東省開壩後水
勢下注即催令相機趲渡現在已進楊莊口門
者共有五幫內有鎮江後幫於二月初二日晚
行抵清口正在停泊之際陡遇狂風一時下錨

帶纜不及將旂丁薛七襄等漕船六隻沖入黃
河大溜將船打散淹斃男婦二名口等因前來
臣聞之不勝驚駭伏查漕船失風攸關
天庾正供近年屢蒙
聖主加恩豁免誠恐該丁等恃可倖邀
恩旨遂一切行住不加慎重致有遭風漂沒以及祇
知搶護私貨不顧漕糧皆當確切嚴查分別辦
理臣現即連夜馳赴該處逐細勘查所有在船
米石曾否如數搶獲及船隻板片有無漂失淹
斃男婦是否真實倘該丁等現有搶存私貨而
船米皆歸漂淌臣即當嚴行究擬將該幫弁丁
等請
旨從重治罪以示懲儆如果該丁船實係陡遭異常
風暴人力難施自應查例具
題請
旨臣俟親將實在情形詳細勘驗明確另行具
奏外所有臣現在趕赴清江查辦之處理合先行
恭摺奏

聞伏祈
皇上聖鑒謹
奏
知道了

乾隆四十九年二月　初十　日

五二七

奏

臣蘭第錫跪

奏竊查豫東黃河大堤之北有太行堤一道自河南武陟縣境詹家店起經直隸之東明長垣山東之曹縣單縣至江南沛縣飛雲橋止計長八百餘里係前明都御史劉大夏剏議興築至萬曆以後復大加修葺

本朝以來交與地方官隨時勸民葺理臣往來豫東并經過直隸東明一帶見該堤屹若崇墉蜿蜒聳峙允稱重層保障現在大段堅整不須大費工作惟因民間車馬埠道踐踏多年間有殘缺並有瀝水存積堤根間段汕刷似應地方官逐一確勘趁此春融勸民補修以為有舉無廢之

計臣擬咨會豫東直隸督撫各臣飭行該管道
府董率各地方官勘明實在殘缺之處逐一勸
民修葺毋致虛應故事亦不得聽信書役藉端
科派稍有滋擾臣仍於工竣後逐一查勘以歸
核實是否有當理合繕摺具
奏伏乞
皇上睿鑒謹
奏

不必粉飾而為之以審實為也

乾隆四十九年二月　十七　日

五二八

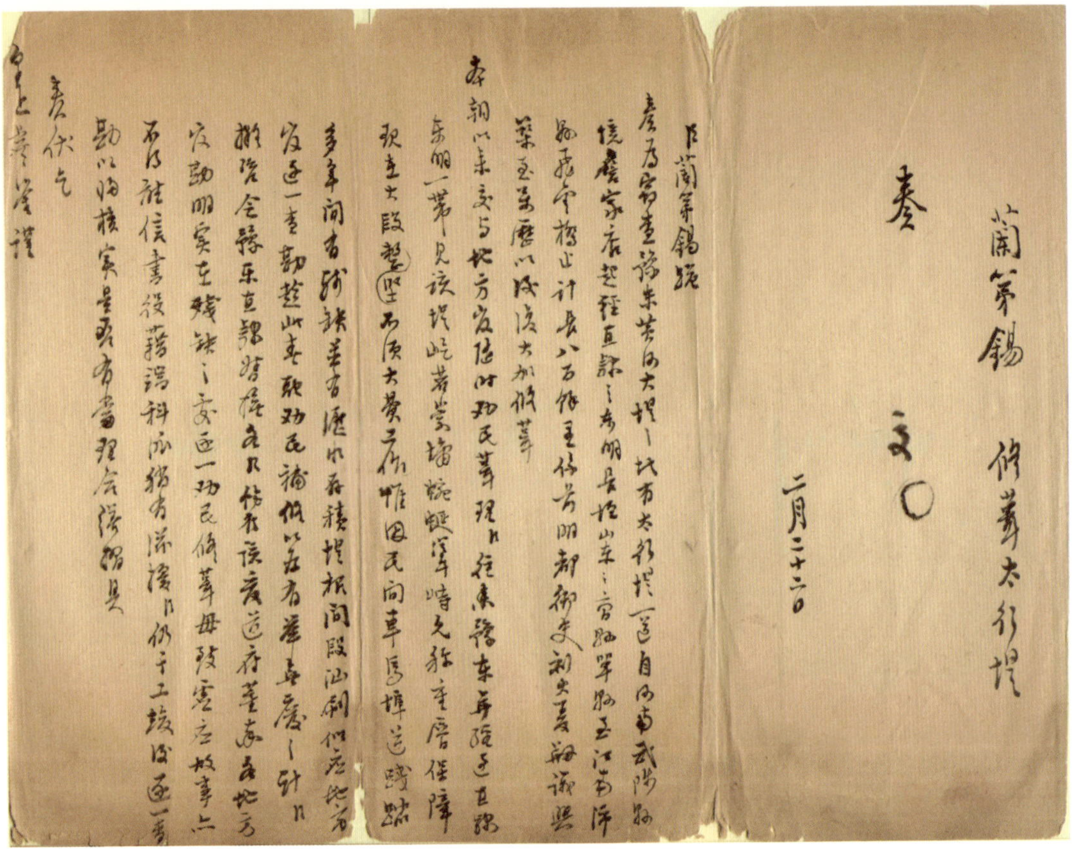

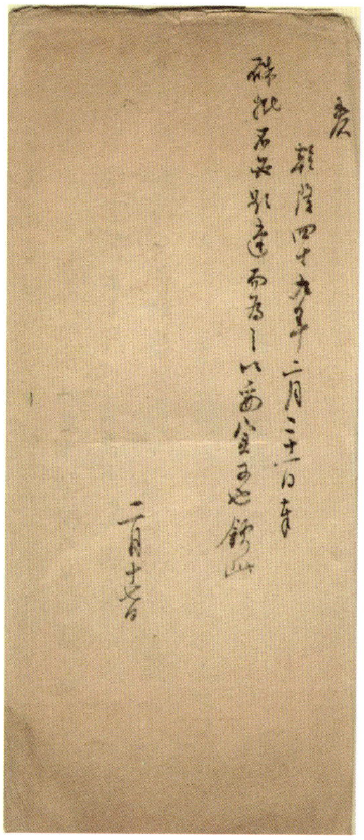
奏
乾隆四十九年二月二十一日奉

五二九

奏

署理河東河道總督臣蘭第錫跪

奏為恭報桃汛安瀾仰祈

聖鑒事竊照豫東黄河桃汛水勢以清明後二十日内外定其趨向臣前在豫省履勘各工諭令廳汛加意防範隨時禀報茲查三月十五日清明起至本月初四日止據各道廳營節次禀稱清明以後水勢隨長隨消工程相機防護惟下北之十八堡上南之鄭州頭堡中年九堡間因溜勢偏注埽工平蟄隨即鑲修鞏固其餘新舊埽壩照估加修一律平穩應辦培堤挑河各工統計已完六七分以上臣仍嚴飭文武員弁分段巡查認真疏築以備大汛修防之計所有豫東

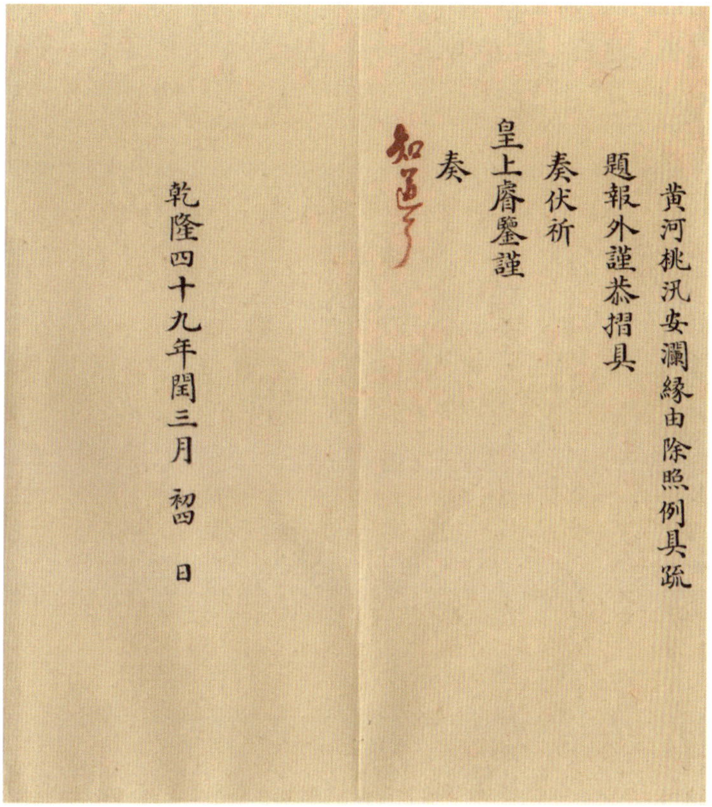

黃河桃汛安瀾緣由除照例具疏

題報外謹恭摺具

奏伏祈

皇上睿鑒謹

奏

知道了

乾隆四十九年閏三月　初四　日

五三〇

奏

河南巡撫臣何裕城跪

奏為黄河水勢工程情形恭摺奏

聞事竊照豫省黄河南北兩岸應行春修各工均經趕緊修做一律完竣現在時值桃汛水勢順軌遄行極為暢順據各廳營稟報自桃汛以來歷次陸續長水八寸旋長旋消河流暢順工程穩固其上下遊南北溝槽築做土格已據沿河各州縣及該管道府陸續報竣委員查驗俱屬堅實足資捍衛河臣蘭第錫於二月下旬由東來豫臣與之詳細會商查上遊南岸之楊橋黑堽北岸之銅瓦廂十二堡十八堡等工均經河臣蘭第錫督同道廳營汛逐段履勘核實辦理現

在一律崇墉極為鞏固其儀封月隄及蘭儀汛
加高隄頂睢州下汛七堡估做挑水壩史村鋪
估挑引河起除庄基並河頭河尾現灘處所疏
濬各工在在均屬緊要瞬屆伏秋大汛必須迅
速蔵工庶將來汛水經臨宣洩保障均可有備
無虞第恐承辦各員不能認真如式趲做或稍
有遲悮所關匪細臣隨與蘭第錫商酌添委糧
鹽道海廣候補道吳承緒分赴南北兩岸帮同
該管河道督率賅應並於現任州縣及佐雜中
遴派練習河工者數員以備差遣兹據該道等
稟報儀封月隄並蘭儀汛加高隄頂俱已全完
史村鋪挑挖引河分段開工現辦有七分工程
挑水壩工亦已趕緊盤做河頭河尾現灘處所
逐加疏濬即日亦可完工臣現擬於閏三月十
八日由蘭陽儀封睢州寧陵商邱虞城一帶新
隄順道查勘即於該處渡河趨赴韓庄恭迎
鑾駕面請
聖明指示臣與河臣蘭第錫更得敬謹遵循協力保

護務期工程益加穩固河流永慶安瀾以仰副
皇上慎重河防惠安黎庶至意所有桃汛水勢及現
辦工程陸續完竣情形臣謹恭摺具
奏伏乞
皇上睿鑒謹
覽奏俱悉
奏

乾隆四十九年閏三月　初四　日

五三一

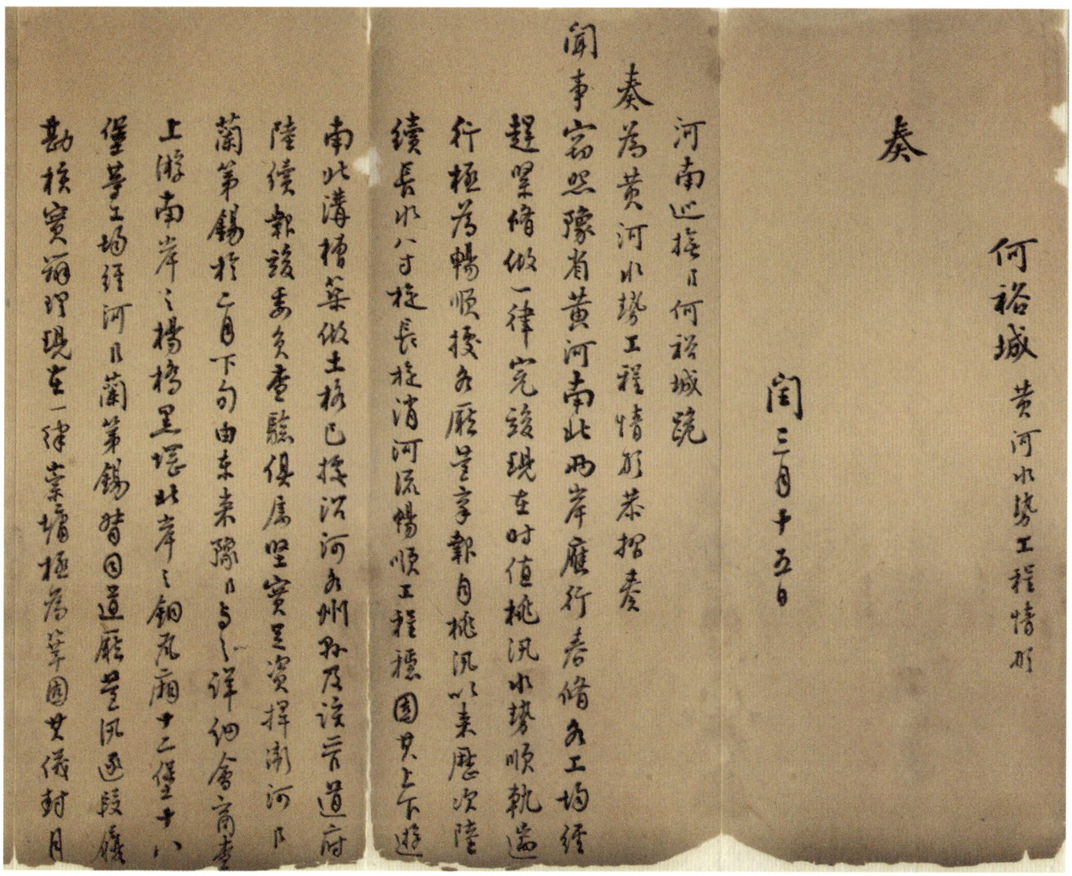
奏

何裕城 黄河水勢工程情形

聞 三月十五日

河南巡撫臣何裕城跪

奏爲黄河水勢工程情形恭摺奏

聞事竊照豫省黄河南北兩岸應行春脩各工均經趕緊脩做一律完竣現在時值桃汛水勢順軌通行極爲暢順據各廳呈報自桃汛以來歷次陸續長水八寸旋長旋消河流暢順工程穩固其上下游南北溝槽築做土格已據沿河各州縣及該管道府陸續親詣查驗俱屬堅實足資捍衛河臣蘭第錫於二月下旬由東來豫臣與之詳細會商查上游南岸之楊橋黑堽北岸之銅瓦廂十二堡十八堡等工均經河臣蘭第錫督同道廳營汛逐段履勘核實經理現在一律埽壩極爲穩固其儀封月

隄及蘭儀汛加高隄頂，睢州下汛七堡估做挑水壩
史村舖估挑引河，起除庄基並河頭尾現歸妥
爲疏濬各工，查均屬緊要，轉瞬届伏秋大汛，必須
迅速蒇工，庶將來汛水經臨，宣洩保障均有
備。年震第恐承辦各員不能認真，以致遲誤或
稍有遲慢，所關匪細，日隨與蘭第錫商酌，派糧
鹽道海廣、候補道吴承璐分赴南北兩岸，督同
該管河道暨再照應並於現任州縣及佐雜中遴
派練習河工者分員，以備差遣，并接該道等
稟，儀封月堤並蘭儀汛加高隄頂俱已全完，史
村舖挑挖引河，分段開工，現一律有七分工程，挑水壩
工亦已趕緊盤做，河頭河尾現辦，妥爲逐加疏濬，
即日亦可完工。日現擬於閏三月十八日由蘭陽儀封
睢州寧陵商邱虞城一帶新隄順道查勘，即
於該處渡河，趨赴韓庄恭迎
鑾駕面請
聖明指示。日與河日蘭第錫更加敬謹，竭力保護，
務期工程益加穩固，河流永慶安瀾，以仰副

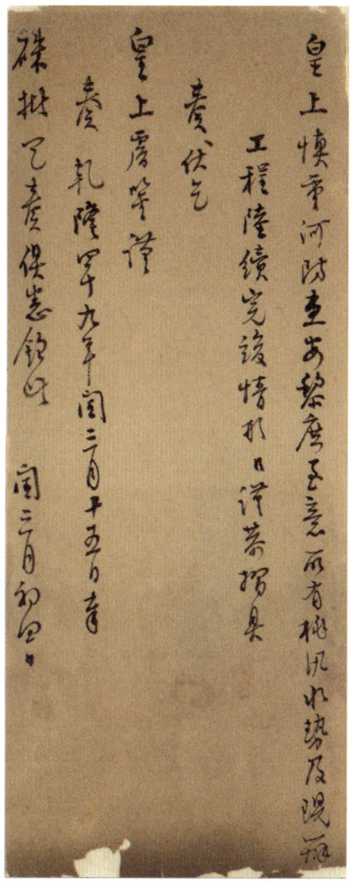

皇上慎重河防至意所有桃汛水勢及現在

工程陸續完竣情形謹繕摺具

奏伏乞

皇上睿鑒謹

奏　乾隆四十九年閏三月十五日奏

硃批：已奏，俱悉。欽此。　閏三月初四日

五三一

奏

署理河南布政使臣江蘭
河南按察使臣覺羅伍拉納跪

奏爲恭報省城得雨仰慰
聖懷事竊臣江蘭到任後謹將歸德迭次連遇陰雨
及省城於上月二十七日得有雷雨一陣疊經
恭摺奏
聞兹於本月初六日寅時起至酉時止省城復得甘
雨隨派員前往郊外分路查勘濕土二寸有餘
當此麥苗望澤早秋待種之時獲被甘霖民情
倍形懽悦現在陰雲密布勢甚廣遠附省各屬
自必普行霑被其報雨分數容俟各州縣報齊
詳請撫臣查核具
奏至黄河水勢平順新舊各工現已陸續趕辦完

竣堤工穩固汛水安恬知厪
聖懷謹附撫臣馳奏之便繕摺會
奏伏乞
皇上睿鑒謹
奏
欣慰之

乾隆四十九年閏三月　　契　　日

五三三

奏

兩江總督臣薩載謹

奏為欽奉

上諭恭摺覆奏事竊臣於四月初七日行次宿遷地

方接到尚書和珅尚書福康安寄字内開乾隆

四十九年四月初五日奉

上諭本年江浙一帶雨澤霑足二麥極為茂盛自渡

黃以北麥田稀密不一地土乾燥頗覺望澤近日

早晚氣候較涼自有得雨處所若德州迤北地方

得雨相去甚近此時早經奏到或係江南所屬續

得透雨亦未可定何以未據該督等奏報朕心甚

為懸注昨薩載送駕後回任自應順道詳悉查看

著傳諭薩載等將黃河以北是否得有雨澤麥收

分數如何及大田有無妨碍是否尚須緩借加恩
之處即行查明據實迅速覆奏不可稍存諱飾將
此由四百里傳諭知之欽此仰見我
皇上廑念民生無時稍釋伏查本年自春至夏江南
各屬地方雨澤叠沛黄河以南麥田均已霑足
惟黄河以北得雨較少地土乾燥麥田稀密不
一仍望雨澤滋長前逢
聖駕經過察視情形
命臣於回南後督屬祈雨臣於送
駕後即欽遵飛劄淮徐二府督令各州縣設壇虔禱
一面劄查其餘各屬雨水是否優霑如有需雨
之處亦即一體祈求并經札會各撫臣一體查
察在案臣逐次接據江以南各屬稟報四月初
二三等日復得雨二三寸不等其淮北地方未
據稟報得雨臣一路詳悉查看二麥雖未能一
律暢發而結穗稠密者仍可有收所種秋糧秫
秫業已長發五六寸豆穀亦經出土初七日臣
經過順河集地方已得微雨數陣連日氣候甚

涼遠處似得透雨即黃河以北各屬看來日內
亦可優霑臣現在確查一俟覆到即當隨時
奏報上慰
聖懷至麥收分數江西省地方收成較早已據報到
各有八九十分不等江南上下兩江地方尚未
報齊就現在已報到者九十分收成居多如黃
河以北地方麥收現較他處稍歉但刻下尚未
黃熟容俟收穫時核實收成分數再行奏
聞此後如續得透雨大田自無妨礙如有應須緩借
請
旨加恩之處容臣與撫臣查明照例辦理據實覆
奏斷不敢稍存諱飾以仰副
聖主惠愛黎元至意所有臣奉到
諭旨謹先繕摺由驛覆
奏伏乞
皇上睿鑒謹
奏

知道了此處有雨

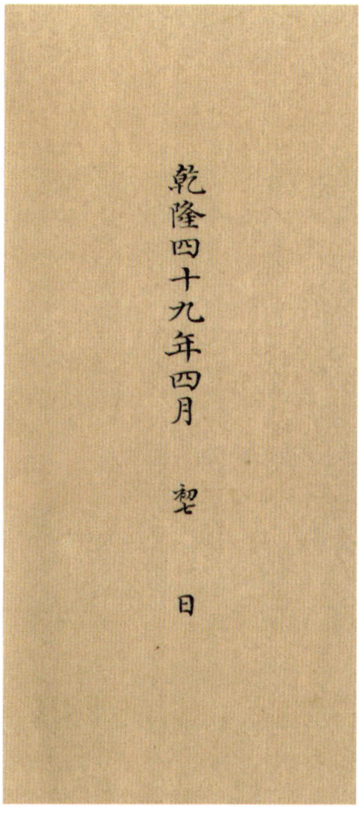

乾隆四十九年四月　初七　日

五三四

奏

江蘇巡撫臣閔鶚元謹

奏為恭摺覆

奏事竊臣承准尚書和珅尚書福康安字寄內開

乾隆四十九年四月初五日奉

上諭本年江浙一帶雨澤霑足二麥極為茂盛自渡
黃以北麥田稀密不一地土乾燥頗覺望澤近日
早晚氣候較涼自有得雨處所若德州迤北地方
得雨相去甚近此時早經奏到或係江南所屬續
得透雨亦未可定何以未據該督等奏報朕心甚
為懸注昨薩載送駕後回任自應順道詳悉查看
著傳諭薩載等將黃河以北是否得有雨澤麥收
分數如何及大田有無妨礙是否尚須緩借加恩

之處即行查明據實迅速覆奏不可稍存諱飾將
此由四百里傳諭知之欽此遵
旨寄信前來 臣跪誦之下仰見
聖主保赤殷懷無時不念切民瘼伏查江蘇省黃河
以北之徐州海州地方本年正二三月間雨澤
時有但未能透足閏三月以來未據稟報得雨
屢經飭查二麥收成分數尚未報齊並體詢自
徐海來蘇之員弁人等據稱在田二麥豐歉不
等其所種高糧粟穀等項有業經出土者亦亟
需雨澤滋培各州縣現在設壇祈求雨澤臣復
飭司道府確察情形如有應需緩借之處即
奏請分別辦理不敢稍有諱飾以副
聖慈篤念民生之至意所有黃河以北現在情形理
合恭摺由驛先行覆
奏至黃河以南地方臣於旋署時沿途體察當將
一路麥收豐稔並鎮江常州蘇州麥收一律十
分緣由奏蒙
聖鑒今據江寧松江太倉各屬陸續稟到麥收均有

十分揚州通州二屬麥收約有九分淮安所屬麥收八分均各收成豐稔再蘇州江寧常州鎮江松江揚州太倉等處於四月初二初三初七等日各得雨二三四五六寸不等現在二麥登場秧田業已佈種江南芒種節後梅雨應時將來分秧栽挿大田益當溥暢理合一并陳明伏

祈

皇上睿鑒謹

奏

已奏俱悉

乾隆四十九年四月　十六　日

五三五

奏

署理河東河道總督臣蘭第錫跪

奏為河廳要缺需員

奏請調署以重修防事竊查山東曹州府曹單同知許祖堯因在上河通判任內修理衙署未完交代支延經臣叅審議擬革職准到部覆奉

旨依議欽此欽遵所遺員缺應即遴員請署伏查曹單同知一缺經管東省黄河北岸工程歲搶錢粮皆其經手並有曹縣下汛三堡六堡臨黄埽工攸關緊要非誠實熟諳之員不足以資料理前經臣以署懷慶府黄沁同知李亨特請調奉

部以原叅解任尚未開缺議駁在案臣與各道

虛心商酌李亨特於曹單一缺亦不甚相宜此

外豫東廳員非人地不宜即年例未符惟查有
署河南開封府上北河同知查鳴昌浙江副榜
由捐納歷任庫使縣丞推陞知縣調繁中牟縣
知縣四十六年
大計卓異奉部覆准四十八年陞署北岸上北河
同知該員悃愊無華居心誠實辦事認真自上
年三月到任已一年有餘於修防事宜不辭勞
瘁查上北河一缺雖稱暗險究無臨黃要工較
曹單稍簡合無恭懇
皇上天恩俯念要缺需員准以現署河南開封府上
北河同知查鳴昌調署山東曹州府曹單同知
深於河務有裨如蒙
俞允仍照例察看果能勝任俟限滿再行保
題引
見實授如不勝任立即調回不敢稍涉因循至上北
河同知遺缺容臣與撫臣何裕城等會商另行
遴員請補臣謹恭摺具
奏伏祈

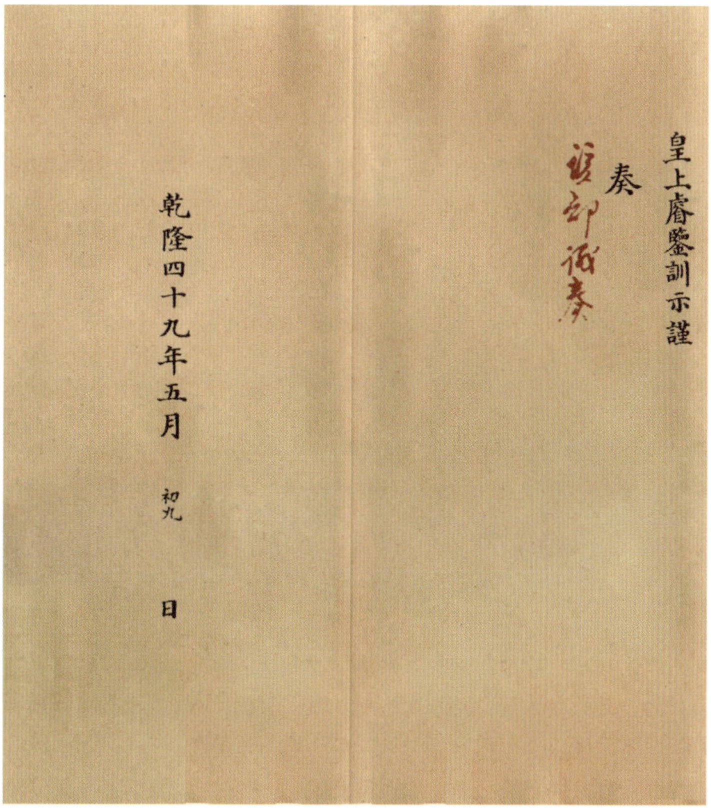

皇上睿鑒訓示謹

奏

該部議奏

乾隆四十九年五月初九日

再臣據河南山東黃河各廳禀報五月初一日至初四五日黃河共長水二尺八寸旋於初五日落水六寸新舊工程防護穩固等語自係上游山陝一帶得有大雨所致時逾夏至臣飛飭道廳加意防範俟二進糧船儧入閘河水勢數餘臣即起身赴豫防汛合併

奏明伏乞

皇上睿鑒謹

奏

五三六

奏

河南巡撫臣何裕城跪

奏為黃河水勢隨長隨消工程平穩仰祈

聖鑒事竊臣於本月初二日接據陝州稟報萬錦灘於四月二十九三十日長水一尺五寸當即飛飭黃河各道廳一體小心防範去後隨連據下南廳稟報南岸適中之黑堽工於初一二日長水四寸初三日子時至午時陡長水二尺一寸酉時已漸見消落等情查此次汛前驟長係萬錦灘之水挾沿途各山河客水滙聚而來是以勢甚騰湧臣就近差查上下臨黃各工所有上游之下北上北上南等廳長水自二尺六寸至三尺餘寸不等銅瓦廂楊橋裴昌廟等處舊有

埽壩先經該廳營相機鑲修均屬堅穩其蘭陽以下新河亦於初三日長水二尺二寸該處地勢低窪間有漫灘之處客水驟長驟落消退較速毛家寨史村舖兩處埽工長水時溜勢仍走埽前初四日落水以後大溜漸已開行至新做史村舖之挑水壩各埽頗資挑護將來汛水漲發相機開放引河可得挑溜北趨之益今截至初九日黑堽已落水二尺二寸上下堤埽工程一律平穩時將入伏水勢靡常新堤工段綿長巡防尤宜周密臣現飭派地方試用人員幫同廳營員弁分段駐工俾大汛防護節節有人並嚴立勸懲以昭慎重河臣蘭第錫不日來豫一切修守事宜更可與之悉心商酌隨時妥辦以期工程永固仰副

聖懷所有黃河水勢長落工程平穩情形理合恭摺

奏

聞伏乞

皇上睿鑒謹

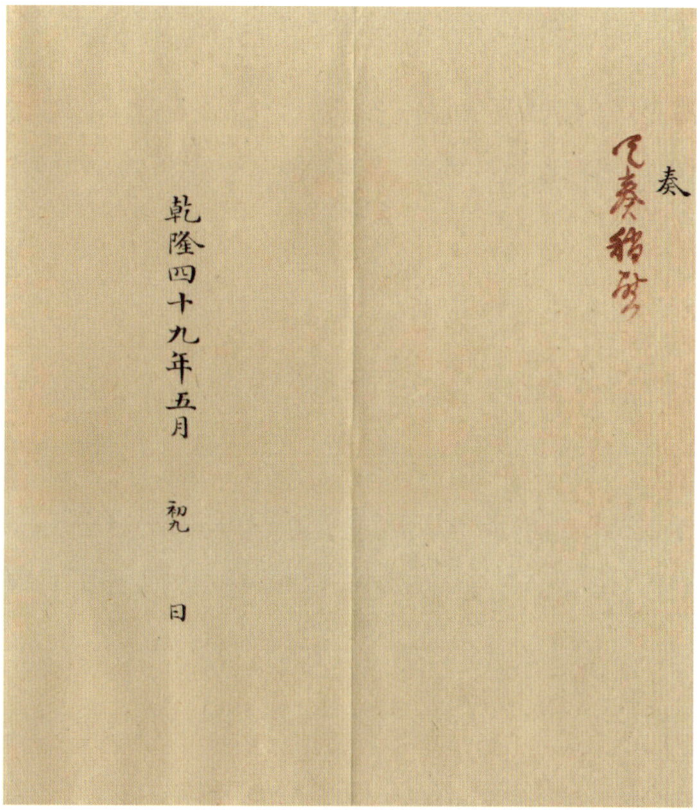

奏

已奏摺發

乾隆四十九年五月　初九　日

五三七

奏

何裕城

黄河水勢隨長隨消工程平穩

五月二十日

河南巡撫臣何裕城跪

奏為黄河水勢隨長隨消工程平穩仰祈

聖鑒事。竊臣於本月初二日據陝州、孟縣報萬錦灘於四月二十九、三十日長水

一尺五寸，當即飭令黄河兩道廳一體小心防範去後，隨連據下

南廳等報，南岸商虞二黑堤工於初二日長水四寸，初三日子時至午時

陸長水二尺一寸，酉時已漸見消落等情。查此次汛發縣長係萬錦灘之

水挾沿途各山河之水匯聚而來，是以勢甚騰湧。臣就近差查上下臨黄

各工，所有上游之下北、上北、上南等廳長水自二尺六寸至三尺餘寸不等。

銅瓦廂、楊橋、米昌廟等處舊有埽壩，先經該廳等相機鑲修，

均屬堅穩。其蘭陽以下新河亦於初三日長水二尺二寸，該處大勢依傍

北岸，中間間有灘嘴之處，水驟長驟落，消退較速。毛家鋪、塞史村鋪和家

埽工長水時，溜勢仍走埽前，初四日落水以後大溜漸已開行至北。

復於史村鋪之挑水壩外埽頭資挑護，將來汛水漲發，相機開放引河，

可得挑溜北趨之益。今截至初九日，黑堤已落水二尺二寸，上下堤

埽工程一律平穩。時將入伏，水勢靡常，新堤工段綿長，巡防尤

宜周密。臣現飭沿河地方文武用人員幫同廳營員弁分段駐工

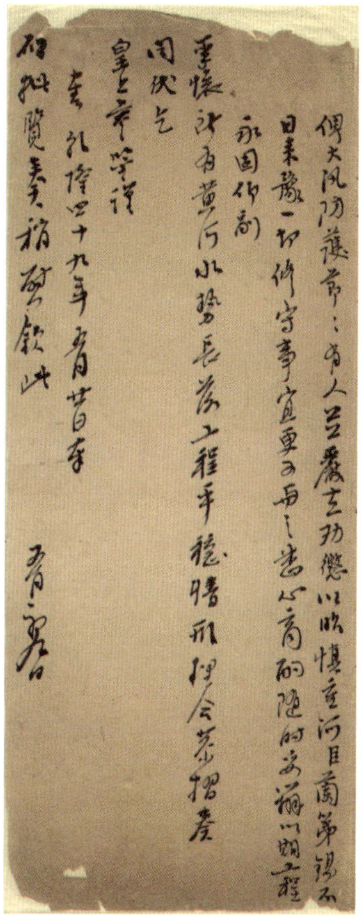

俾大汛防護節節有人，並嚴立功懲，以昭慎重。河目前第錫不
日來豫，一切修守事宜，更可再三悉心商酌，隨時妥籌，以期工程
永固，仰副
垂懷。謹將南黃河水勢長落、工程平穩情形，理合恭摺奏
聞，伏乞
皇上聖鑒。謹
奏。乾隆四十九年　月廿日奉
硃批：覽奏稍慰。欽此。
[illegible]

五三八

奏

署理河東河道總督臣蘭第錫跪

奏為恭報黄河水勢平穩驗收堤河工程一律妥

竣仰祈

聖鑒事竊臣於五月十七日自濟起程先赴曹單堤
工逐細查察曹縣下汛六堡埽前溜勢開行漸
次掛淤修防易於為力其迤西三堡堤形兜灣
因溜勢上提每遇南風過大即致坍卸灘崖現
今大堤距河十九丈有餘臣嚴飭該廳營紮枕
掛柳以資擁護堤後舊有撑堤長八十餘丈已
據道廳加培寛厚足資重障將來相機放淤讓
溜可期不致生工臣即渡河察勘商邱十堡新
河河尾水深二丈餘尺最為寛駛上游睢州七

堡十堡史村鋪儀封三堡六堡毛家寨各處埽前拖溜寛衍忽開忽緊新堤一百七十餘里上年受淤厚薄不等因地形大勢低窪總覺北高南下自五月初旬長水二三尺及五月十二三又長水尺餘出槽之水多有漫及堤根間因風激成溜逼刷堤坦即須鑲護防風所有預購料物險工之外各堡均有分貯臣分派効力候補各員弁分段協防撫臣何裕城亦派人員董率夫役帮同巡查并籌畫接濟工料以期有備無患臣原奏新堤河頭河尾疏濬引渠淤梗及儀封堤南圈築月堤并蘭陽儀封睢州各汛加高堤頂帮培大堤加築後戧各工俱已一律完竣丈量錐試均屬如式間有未盡堅實者責令翻築重硪不敢稍為姑容至史村鋪地方荷蒙

皇上硃筆指示挑開引河引溜歸北經臣勘明應挑一千四百八十丈復經撫臣何裕城

奏添挑水草壩臣於順河集

行營恭呈圖幅仰蒙

聖主硃筆標識
諭令將引河尾閭再向東北展挑免致南堤著重臣
敬謹遵循飛飭管河道唐侍陛率屬確估將河
尾向東北順勢展挑三百丈現已報竣臣眼同
大量均無偷減河頭現尚疊壩攔隔俟水勢再
長相機啟放以期引溜成河南堤更覺穩固再
查新舊各堤經臣
奏明兩旁十丈以内廣栽柳株該道康基田唐侍
陛等購辦柳椽督兵澆灌現在成活甚為茂密
其文武汛員前請駐劄堤頂并於每夫堡二座
添設兵堡一座派兵二名常川住堤晝夜巡防
據各道具報遵循辦理臣委員確查務使堤頂
節節有人成呼吸策應之勢現今河水每日長
落不過數寸各工俱極平穩臣往來各處董司
巡察併與撫臣暨各司道隨時隨事商酌妥辦
以期工程鞏固仰副
聖懷所有水勢平穩工程驗收如式各緣由理合繕
摺恭

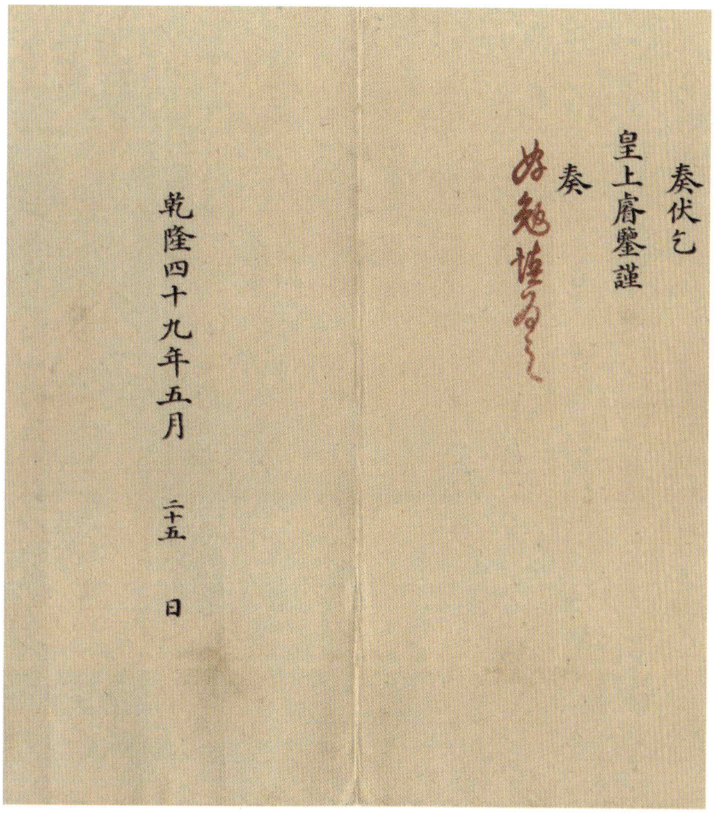

奏伏乞

皇上睿鑒謹

奏

好勉慎爲之

乾隆四十九年五月二十五日

再臣經過曹州歸德開封各府屬沿河一帶旱
穀高粱次第長發晚荳雜禾播種出土計東省
金鄉嘉祥以東雨澤最為優渥曹單以西及豫
省各處雨水雖未十分充裕秋禾亦俱耕耘滋
長民情甚為安帖合併奏
聞伏乞
皇上睿鑒謹
奏
覽

五三九

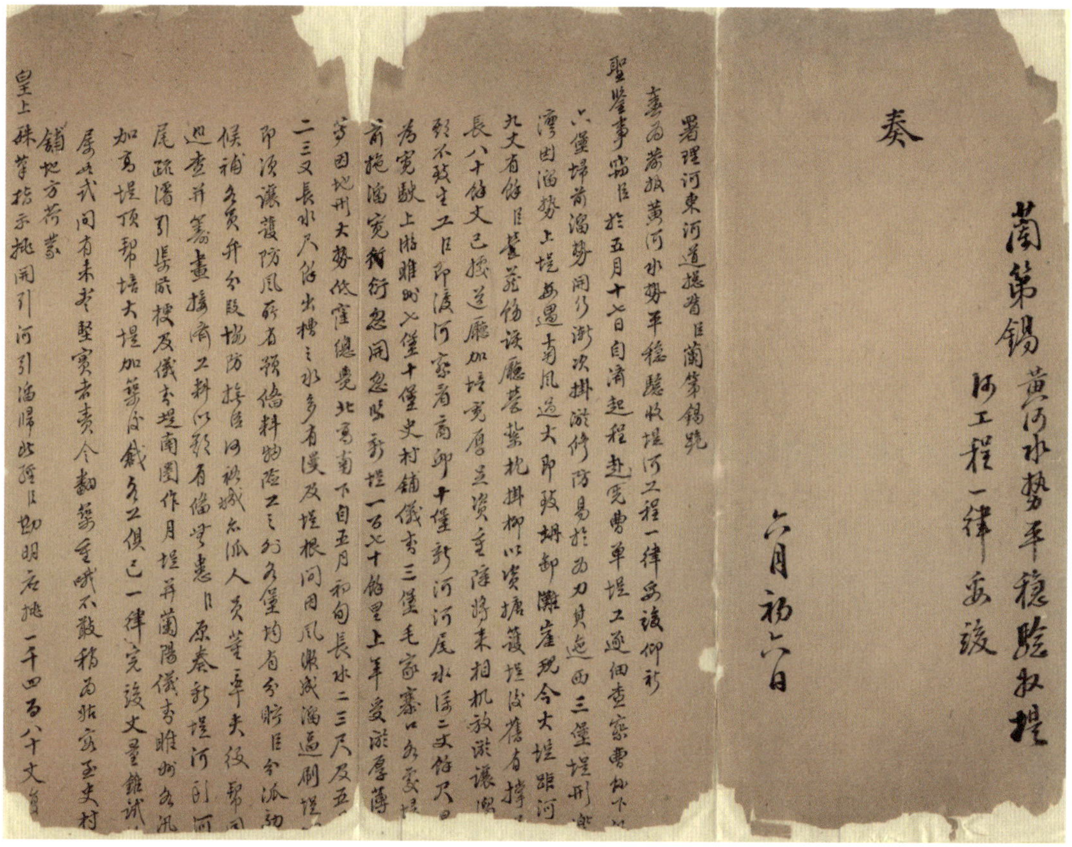

奏

蘭第錫 黄河水勢平穩驗收堤河工程一律安穩

六月初六日

署理河東河道總督臣蘭第錫跪

奏爲恭報黄河水勢平穩驗收堤河工程一律安穩仰祈

聖鑒事竊臣於五月十七日自濟起程赴兗曹單堤工逐細查察曹汛下汛

六堡埽前溜勢閃移漸次掛淤仍防易於加貼迤西三堡堤形[illegible]

灣因溜勢上提西邊[illegible]風過大即致坍卸灘崖現今大堤距河

九丈有餘臣督飭該廳將蓋埽枕掛柳以資搪護堤後舊有撑[illegible]

長八十餘丈已據道廳加培完厚足資重障將來相機放淤讓[illegible]

務不致生工臣即渡河察看商邱十堡新河河尾水深二丈餘尺[illegible]

爲寬敞上游雖於七堡十堡史村鋪儀考三堡毛家寨口多處[illegible]

前抱溜究竟行溜甚緩新堤一百七十餘里上年受淤厚薄

等因地形大勢依窪總覺北高南下自五月初旬長水二三尺及五[illegible]

二三丈長水尺許出槽之水多有漫及堤根間因風浪溜逼刷堤[illegible]

即須讓護防風所有預備料物除工工均各堡均有分貯臣分派幼[illegible]

候補各員幷分段協防搶修同秋城各汛人員董率夫役幫同

巡查并籌畫搶備工料以期有備無患臣原奏新堤河引河

尾疏濬引渠廠樓及儀考堤南圍作月堤并蘭陽儀考睢州各汛

加高堤頂幫培大堤加築戧各工俱已一律完竣丈量錐試

屢次式間有未甚堅實者責令勒築[illegible]不敢稍有[illegible]至史村

鋪地方前蒙

皇上硃筆指示挑閘引河引溜歸北經臣勘明居挑一千四百八十丈曾

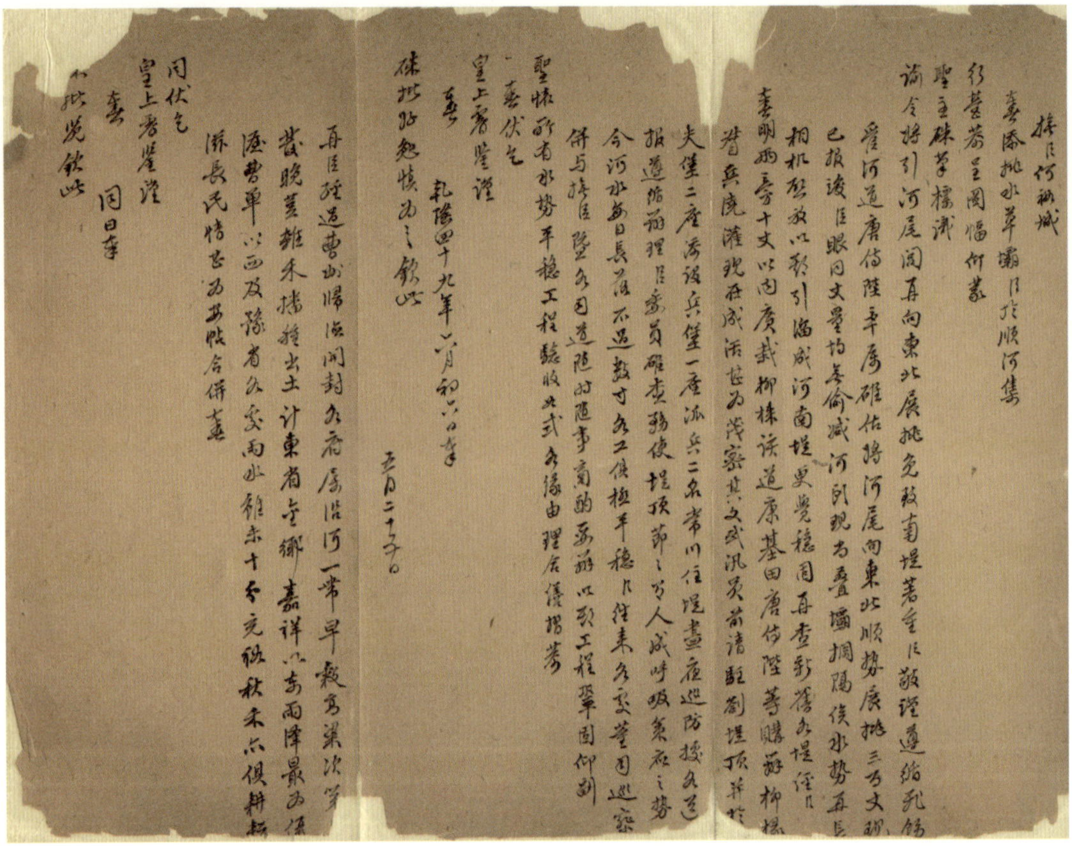

據臣何裕城
奏添挑水草壩引注順河集
行蒙恭呈圖摺仰蒙
聖主硃筆標識
諭令將引河尾閭再向東北展挑免致南堤著重臣敬謹遵循飭
委河道唐侍陛率屬確估將河尾向東北順勢展挑三百丈刻
已報竣臣眼同丈量均屬合式該河現為暢順溜勢再臣
相機堅放以期引溜成河南堤更覺穩固再查新舊各堤經臣
奏明兩旁十丈以內廣栽柳株該道唐基田唐侍陛等購辦柳栽
督兵廣植現在成活甚為茂密其文武汛員前請駐劄堤頂并於
夫堡二座旁設兵堡一座派兵二名常川住堤晝夜巡防據各道
報遵照辦理臣覆看確查務使堤頂節節有人聲息呼吸相通之勢
今河水每日長落不過數寸各工俱極平穩臣往來各處督同巡察
併與撫臣陸各同道隨時隨事商酌妥辦以期工程鞏固仰副
聖懷所有水勢平穩工程驗收如式各緣由理合繕摺恭
奏伏乞
皇上睿鑒謹
奏　乾隆四十九年六月初六日
硃批知道了欽此
五月二十六日

再臣經過曹州歸德開封各府屬沿河一帶早穀高粱次第登
豐晚黍雜禾播種出土計東省金鄉嘉祥以南雨澤最為優
渥曹單以西及豫省各處雨水雜糧十分充足秋禾亦俱耕耘
漸長民情甚為安帖合併奏
聞伏乞
皇上睿鑒謹
奏　同日奉
硃批覽欽此

五四〇

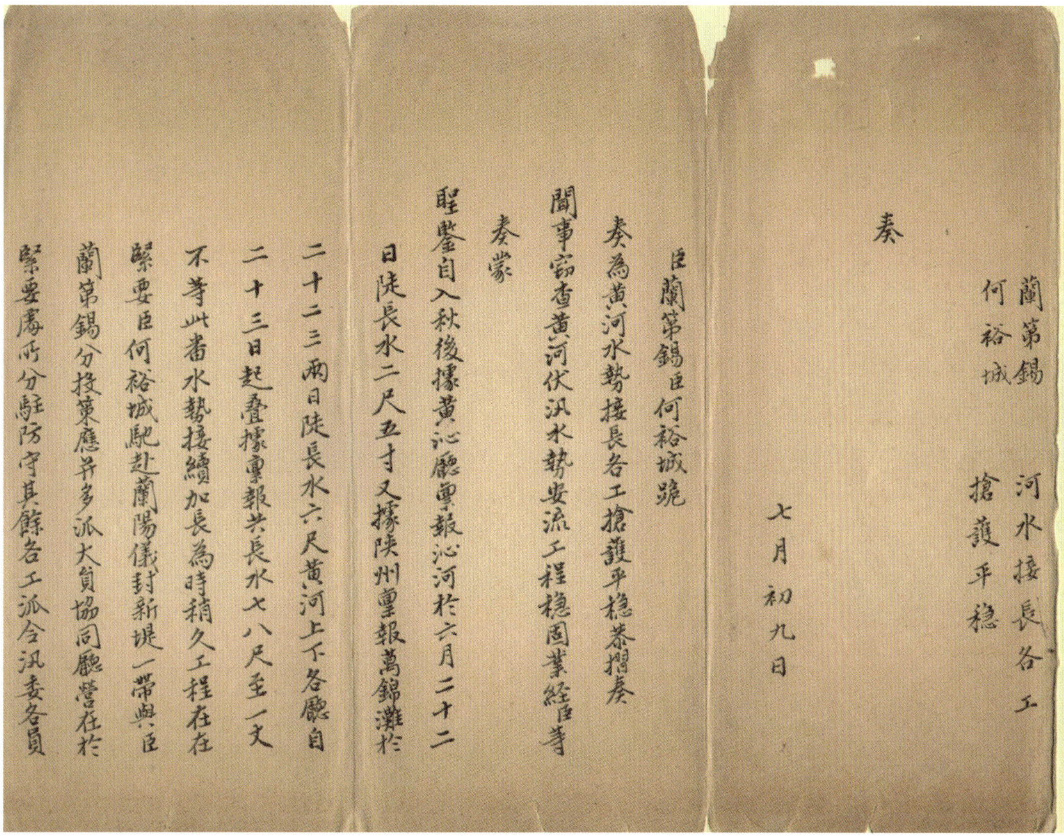

蘭第錫　河水接長各工
何裕城　搶護平穩

奏

七月初九日

臣蘭第錫臣何裕城跪
奏爲黄河水勢接長各工搶護平穩恭摺奏
聞事竊查黄河伏汛水勢安流工程穩固業經臣等
奏蒙
聖鑒自入秋後據黄沁廳稟報沁河於六月二十二
日陡長水二尺五寸又據陝州稟報萬錦灘於
二十二三兩日陡長水六尺黄河上下各廳自
二十三日起疊據稟報共長水七八尺至一丈
不等此番水勢接續加長爲時稍久工程在在
緊要臣何裕城馳赴蘭陽儀封新堤一帶與臣
蘭第錫分投策應并多派大員協同廳營在於
緊要處所分駐防守其餘各工派令汛委各員

星羅碁布晝夜廵防復分差標弁往来查探至
二十六日河水漸次消動各廳稟報工程俱已
防護平穩其較為著重者上南廳滎澤十一堡
舊工新生中年九堡坍灣迎溜下北廳属蘭陽
十二堡大壩溜勢湧激埽工平蟄至新堤堤根
處處水深数尺間因北風汕刷防風埽工多有
蟄陷上水沿河牧令調雇人夫親押赴隄該道
廳營汛等分投買土買料套埽加廂星夜搶辦
尚属認真均保無虞今自二十七八兩日察看
新河河頭已消水二尺餘寸睢州下汛史村舖
一帶引河益加深暢挑水壩工頗為得力七堡
九堡各埽前漸次受淤水深僅有七八尺儀封
汛毛家寨三堡至八堡各處埽壩廂護倍加寬
厚大溜現已閘行新河河尾宣洩益形迅利其
山東曹縣三堡外灘塌崖之處尚存十三四丈
該道廳相機擡護不至生工糜費當此伏汛秋
初二十一二等日黄沁兩河同日長水伊洛各
河亦有增漲仰邀

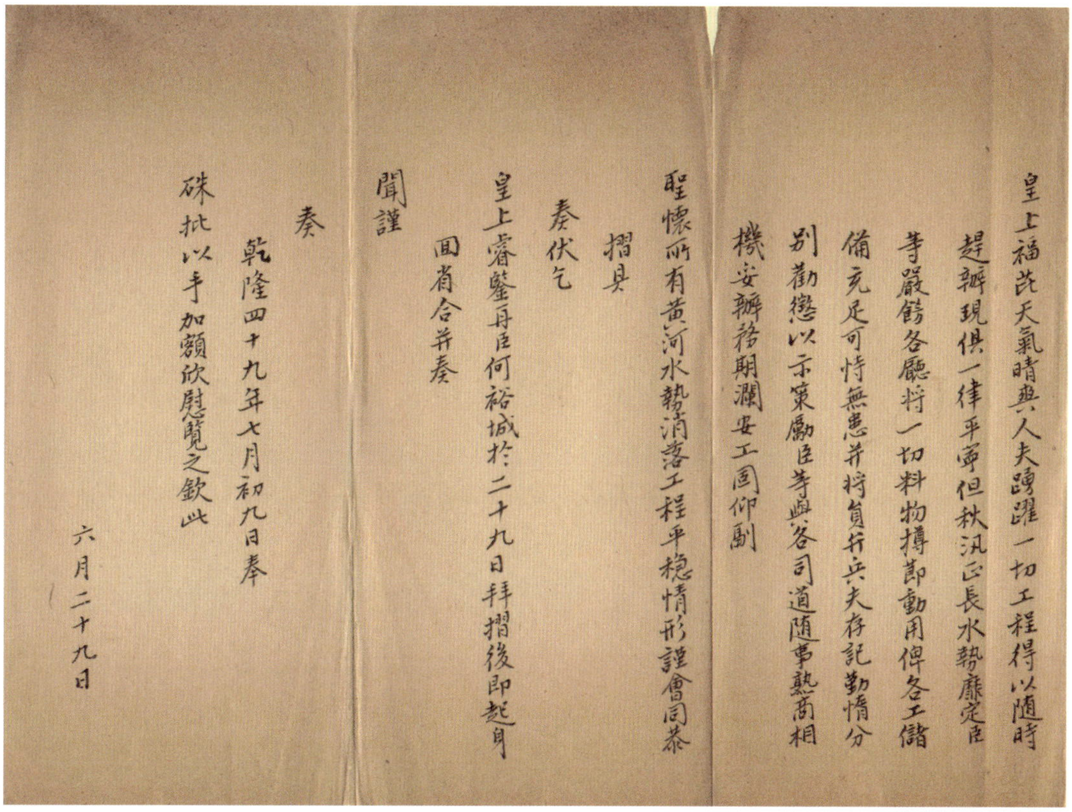

皇上福庇天氣晴爽人夫踴躍一切工程得以隨時
趕辦現俱一律平穩但秋汛正長水勢靡定臣
等嚴飭各廳將一切料物撙節動用俾各工儲
備充足可恃無患并將員弁兵夫存記勤惰分
別勸懲以示策勵臣等與各司道隨事熟商相
機妥辦務期瀾安工固仰副
聖懷所有黄河水勢消落工程平穩情形謹會同恭
摺具
奏伏乞
皇上睿鑒再臣何裕城於二十九日拜摺後即赴工
回省合并奏
聞謹
奏
乾隆四十九年七月初九日奉
硃批以手加額欣慰覽之欽此
六月二十九日

五四一

署理河東河道總督臣蘭第錫
河南巡撫臣何裕城跪

奏為節逾白露黄河水勢安瀾工程防護平穩仰

祈

聖鑒事竊查黄河立秋以後水勢叠長節經臣等

奏報在案自七月十五六日長水消落之後復據

陜州呈報十七日萬錦灘陡長水三尺五寸下

游新舊各工十八九日各報稱陡長水五六尺

至八九尺不等秋水迅烈善於淘刷新堤睢州

上汛三堡埽外原深一丈七八尺者已深至二

丈四五尺及三丈二三尺不等所做雞嘴挑壩

并護崖各埽次第行蟄頗為著重該道率領通

判歸朝煦知州張漁及該廳營分段加鑲晝夜

搶辦現在一律平寧睢州下汛史村鋪村後荷

蒙

皇上指示挑挖引河大溜暢順七堡至九堡一帶埽

前均已露有淤灘惟迤西四堡因大河此次長

水出槽分溜防風蟄陷刷及堤坦臣等督令文

武各員併力搶護亦俱穩固其南北各舊工大

溜遷改形勢又變上南廳属中牟汛之楊橋大
壩四十餘埽本已通身掛淤今忽刷去淤灘溜
走二十五埽至四十二埽下南廳属祥符汛之
黑堽埽工五十八段本祗下段数埽著溜其餘
業已停淤今忽刷盡淤灘四埽以下段段著溜
其工尾迤下并有汕傷堤根之處又下北廳属
銅瓦廂一工於十九日水勢側注竟成南北頂
衝大溜洶湧二十七埽至三十二埽陡蟄入水
下首護崖防風六段俱有汕刷情形更重臣等
督飭該道蔣果康基田分駐兩岸率同廳縣營
汛徹夜在工接鑲搶護均已一律穩實至東省
曹縣三堡外灘塌崖處所臣蘭第錫飭令該管
道廳相機挑護現在仍存十三四丈並未續塌
河尾以下直至江境俱極深通暢達其新堤上
下一帶工程臣何裕城添委糧鹽道海廣往来
查察催集夫料幫同實力修守河水自二十日
逐見消退至二十三日已消水三尺餘寸今白
露已過水勢日平縱有長發漸次沙輕水冷各

工可保無虞伏念本年立秋後萬錦灘及沁洛
諸河連次陡長黃河大溜遄行倍形湧激仰賴
我
皇上誠敬昭孚
應虔誠酬祀
河神協應水雖疊漲而風不揚波俾臣等得以率
領員弁悉力搶護通工普律平寧感慶之餘益
深敬凜臣等惟有時刻留心嚴督道廳營汛加
謹巡防不敢少有懈怠所有節逾白露河水安
瀾工程平穩情形謹恭摺由驛具
奏仰慰
聖懷伏祈
皇上睿鑒謹
奏

乾隆四十九年七月三十日奉
硃批欣慰覽之有旨議叙欽此

七月二十四日

五四二

奏

署理河東河道總督臣蘭第錫
河南巡撫臣畢沅 跪

奏為查明黃河工料情形恭摺具奏仰祈
聖鑒事竊查黃河兩岸新舊堤工經臣等於上年十
月內奏蒙
聖恩俯准動項代賑確估加培當即分派人員於十
月內次第興工今年春融會同嚴飭道廳多集
人夫照估趕辦臣畢沅就近屢赴堤岸督率司
道分投查催臣蘭第錫於五月二十三日自商
邱新堤挨查而上計南岸五廳北岸四廳共估
土二百十九萬餘方已完土一百九十餘萬方
逐工逐段丈量簽試均屬豐足堅實其未完一
分有餘臣等專派人員在工守催勒限六月十

五以前一律全完至預購料物最關緊要因歉
收之區稭料稍貴臣畢沅查明具
奏仰荷
恩俞加價採買不使稍有派累當即揀派妥員分投
購運嚴督道府核實稽查計自凌汛至今除已
做折修加鑲各工外現存各工稭料共二千一
百餘垛足備大汛之用所有睢州汛内高寨埽
工西首遵
旨築做挑水草壩現在溜勢仍分兩股南股側注壩
根斜挑北趨迤下各埽已經淤閉一百餘丈深
得挑壩之力至新堤李六口以下蘭陽十四堡
河形漸次坐灣南趨臣等預築土壩二道長八
十丈及一百二十丈不等自四月以後壩頭着
溜已經下埽裹護今復公同勘商二壩之下應
再添土壩二道層層挑逼俾無近堤生工之患
已派廳營印汛趕緊籌辦以期有備無患其餘
臨黄埽壩據報鑲修工程逐一查驗均無偷減
浮混之弊現距伏汛不遠臣等公同司道將分

派防守各事宜詳細講求務期同心竭力矢勤
矢慎以仰副
聖主宵旰勤求奠安水土之至意所有查明黃河工
料情形謹會同繕摺具
奏并將新堤河道情形及添築挑壩緣由敬謹繪
圖貼說恭呈
御覽伏乞
皇上聖鑒謹
奏

詳慎致誠爲之以祈
神佑

乾隆五十一年六月　初四　日

五四三

奏

江南河道總督臣李奉翰謹

奏為遵

旨據實覆奏仰祈

聖鑒事竊臣於六月十八日承准協辦大學士尚書

和珅字寄内開乾隆五十一年六月十四日奉

上諭據毓奇等奏頭二進重運漕船共渡過黄河四十一幫自五月初七日清口水勢陡耗嘉興白糧幫儹渡之船皆為淺滯當經河臣李奉翰親往河口相度機宜築壩兜束並集夫撈挖無如清口一帶水緩沙停隨挖隨淤幫船不能前進現在設法疏導日内已將交伏汛大雨時行清水長發各船亦可乘時儹渡等語是河口淺阻糧船已不能陸

續渡黃而本日李奉翰所奏河湖水勢情形摺内
何以又稱清水暢注力雖未足抵黃而流入淮揚
運河冲刷寬深重運足資浮送銜尾前進無虞淺
阻即云此摺係五月二十七日拜發專差賫遞具
奏在前則該督由驛奏到之摺係六月初八日與
毓奇等同日拜發乃止奏報連得澍雨及高堰誌
樁長水尺寸而於糧船淺阻情形並無一字提及
殊不可解看來該督目擊水淺舟膠心懷惶懼又
如上年茫無主意徒思回護掩飾此大不可漕運
為天庚正供所關匪細李奉翰身任河防責任綦
重當此河口淤淺糧船阻滯之際不思設法籌辦
據實奏聞乃坐視遲延徒懷憂畏竟一籌莫展惟
思掩飾於目前倘又如上年之貽悮其罪豈能再
逭乎現在李世傑患病未愈已有旨令其安心調
攝不必以河務縈懷致增勞勩此時書麟已到清
口自能留心講求河務且年力壯盛上年辦理安
省災賑諸務認真妥協著傳諭李奉翰不必心存
惶懼惟當會同書麟悉心籌畫督率工員上緊設

法疏通務令尾後各幫及早渡黄全數挽抵通倉
不可以今年有閏為期稍寬略存大意此時大雨
時行清口一帶連得甘澍清水自必日漸增長該
督等即應酌量情形將通湖引河除現已開放之
兩道外再行啟放一二道俾清水暢出敵黄則河
口淤沙自可刷深重運得以銜尾儹渡李奉翰毓
奇書麟務宜同心恊力設法妥辦催儹不悮抵通
方為妥善將此由六百里加緊諭令知之仍將河
口曾否通順重運渡黄者又有若干幫不可仍存
諱飾迅速由六百里加緊覆奏以慰廑念欽此遵
旨寄信前來臣跪讀之下感激惶悚莫能名狀伏查
河口一帶前因黄水倒漾頂阻糧船未能銜尾
渡黄當經臣於六月初四日將張福口引河先
行開放清水雖屬暢達奈淤沙停墊已久清水
力弱尚未能刷動抵出黄河即經據實奏
聞嗣值大雨時行洪湖水勢長至七尺一寸又經遵
旨將裴家場等處引河一併開放并於摺内聲明太
平河張福口兩道引河之水宣洩雖暢而黄水

日加增長須阻清水遂致出口少而入運多糧
船未能遄行渡黃甚少情形於十四日亦經詳
細陳
奏臣受
恩深重職任匪輕今屆伏汛糧船未能早為渡竣撫
心自問負咎良多今蒙
皇上天恩諄諄訓誡感刻寸忱彌深悚惕臣賦性庸
愚焦思日夜斷不敢不稍存畏懼尤不敢諱飾
要見
貽悮自取罪戾惟有會同撫臣書麟漕臣毓奇
悉心籌畫設法撈浚糧船現已遄行此後河口
一帶臣同撫臣尚應隨時詳細商榷妥辦以期
永無淺滯庶足仰慰
聖主廑念漕河之至意除現在清水暢出糧船迅渡
情形另行會摺奏
聞外所有臣奉到
諭旨感激悚惶欽遵籌辦緣由理合繕摺由驛覆
奏伏乞
皇上睿鑒謹

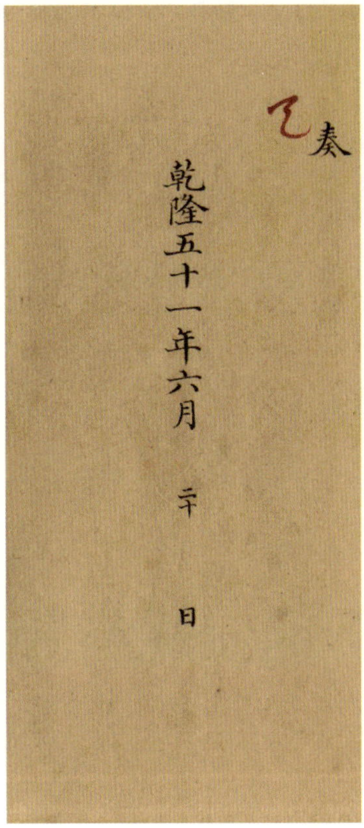

奏

乾隆五十一年六月二十日

五四四

奏

臣李奉翰臣書麟謹

奏為清水現在暢達出口漕船迅渡情形仰祈

聖鑒事竊臣李奉翰前於本月十三日接奉

諭旨命將通湖引河再行開放一二道俾清水暢出

刷沙濟運等因欽此當經臣等將王營減壩開放

減掣黄水并裴家場等處引河次第開放緣由

恭摺覆

奏在案茲查各壩啟放後接據河南撫臣畢沅來

咨甘省寧夏黄水於六月初四五日報長四尺

九寸連前長至八尺二寸又豫省沁河於六月

初四日報長二尺五寸滙歸下注黄河水勢正

值上游加長外河老壩口一帶水勢雖未能即

為消減而開放減壩後亦消水八寸洪澤湖内
於本月十二三四等日大雨時行清水又接續
加長九寸連前長至八尺二寸湖水已屬有力
更兼時遇西南大風全湖之水暢流新展之五
道引河水勢連成一片滔滔暢達探量水深八
九尺至一丈二三尺不等風神廟至惠濟祠一
帶水勢瀰漫清水溜急先經臣等將河尾新開
之引渠築壩堵截在於新建東西壩外正河内
導引清水直出會黃東注十八日流行通暢較
量清水高於黃河水面一尺一寸勢屬建瓴先
將在前之民載大小各船一百餘隻催出大河
十九日重運幫船出口已過台州前幫船三十
九隻渡黃迅速現在後幫跟接前進此時清流
日加旺盛清口一帶并運口以内長河浮沙停
積之處經清水刷滌益漸寬深荷蒙
聖主智炳幾先
指授機宜俾臣等得以遵循辦理且此次雨後湖水
加長正值連日西南大風湧送清水出口實屬

難得機會此皆仰賴

皇上誠敬感孚

實於

神靈佑助之所致臣等目擊情形益凛感召之理

風神廟等處叩謝已發藏香矣

倍加虔惕臣等現仍加意料理因勢利導務期

黃河運河速復舊觀重運幫船及早出境速抵

通倉以仰副

聖懷所有清水現在暢出漕船迅渡情形謹合詞恭

摺具

奏伏乞

皇上睿鑒謹

奏

欣慰覽之

乾隆五十一年六月　二十　日

五四五

奏

署理河東河道總督臣蘭第錫
河南巡撫臣畢沅跪

奏為黄河旋長旋消工程平穩恭摺具奏仰祈
聖鑒事竊臣畢沅於六月初十日接到甘肅寧夏府
申報該處黄河於六月初四日酉時至初五日
午時水勢猛長連前共積長水八尺二寸等情
當即率同司道分赴工次查勘巡防一面具文
行知各處臣蘭第錫接到知會於六月十五日
星馳赴豫查豫省黄河據各河廳稟稱自十四
日起陸續增長連前共積長水三尺九寸至四
尺七八寸於十八九日旋消八寸及尺餘不等
所有兩岸舊堤有埽之處均已加鑲高厚一律
平穩惟新堤自蘭陽李六口以下河勢坐灣漸

次南趨臣等先於十四堡築做挑水壩二道已
經下埽裹護復經添築土壩二道前經具
奏在案此番長水溜勢側注頭壩甚為洶湧臣等
公同赴壩督率趕辦現已加鑲門埽三十餘丈
埽外水深竟至五丈四尺并於上下水接做魚
鱗雁翅等埽層層挑護以期順勢鞏固至睢州

[朱批：另具周妥目今益平宜居]

上汛高寨各埽拖溜平緩其西首挑水大壩著
溜一百一十餘丈埽外水深二丈二三尺形勢
暢順惟迤西儀封十五堡河溜坐灣距堤不遠
現在相機防範以期有備無患所有新舊各堤
奏明代賑加培之工俱已次第完竣臣蘭第錫前
赴各工親勘丈驗另行核實報銷時屆伏汛河
水長發靡常前於臣等會奏摺内荷蒙
皇上硃批詳慎敬誠為之以祈
神佑欽此臣等惟有敬謹遵循時刻小心督率道
府印河各官勤慎修守不敢一處稍疎不敢一
時稍懈以仰副
聖懷所有水勢旋長旋消工程平穏緣由理合恭摺

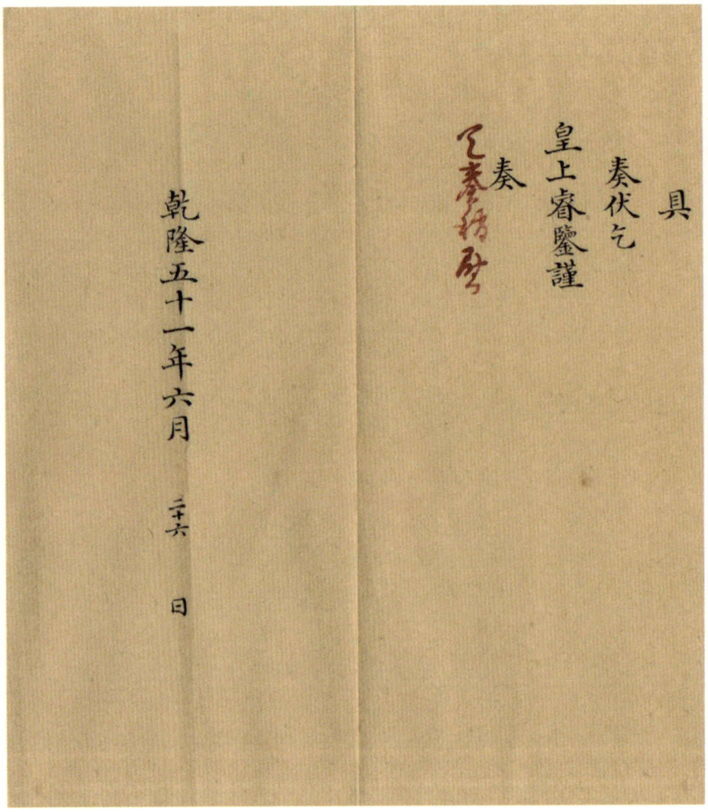

具

奏伏乞

皇上睿鑒謹

奏

已奏摺覽

乾隆五十一年六月　二十六　日

五四六

奏

奴才全德跪

奏爲覆奏得雨後地方情形事竊照淮揚一帶本
月初六七八等日連得大雨奴才由驛馳
奏於二十四日奉到
硃批欣慰覽之較之去年大有起色乎欽此仰見
聖主念切民依時廑宵旰至意伏查上年之旱爲從
來未有蒙
皇上多方賑恤小民不至失所而糧價昂貴食用實
屬艱難今夏二麥收成比尋常豐稔之年幾於
加倍民氣已覺寬舒五月下旬得有透雨翻犁
更屬有藉然久燥之後所得甘雨僅能渥透土
膏而田中尚未有積水溝渠塘濼亦未充盈若

不續沛甘霖揷秧尚不免費力自本月初六七
八等日連得大雨共一尺四五寸不惟不用戽
水入田田中并有溢水入河農民乘此上緊栽
蒔數日之内都已齊全揷秧不用戽水實爲近
年來所僅見之事人人欣幸無不喜出望外麥
收既得飽餐田作又免戽水較之上年非惟大
有起色而人情歡樂似更倍於往時今自初八
日以後又節次得雨多者三四寸少亦寸餘現
在農民别無所事惟盡力耘耨以待秋成奴才
並詢得湖廣江西安徽江蘇浙江等處雨水亦
皆透足秧苗均已揷齊至各鹽場亦極滋潤滷
氣日升現在晴霽即可攤煎通州泰州鹽河水
長至四五六尺泰壩六閘一帶更屬深通舊時
駁運每船不過二三十引今三百餘引大船暢
行無阻各商踴躍趕運旬日間已運出十餘萬
引各口岸可以源源接續不致缺乏此皆仰賴
聖主洪福看來今歲農事鹽務俱極豐稔緣奉
旨垂詢謹據實具奏仰慰

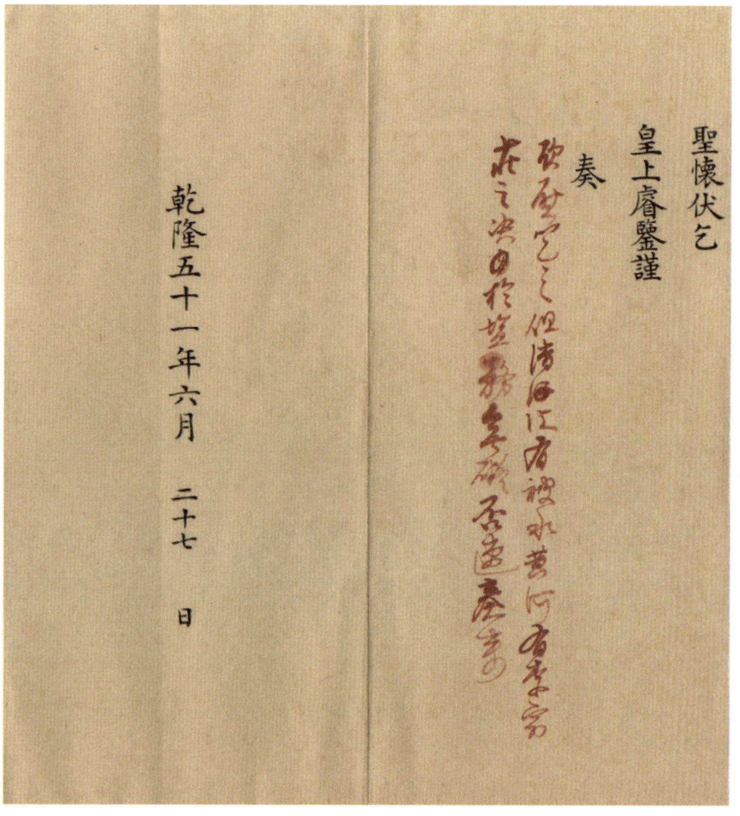

聖懷伏乞

皇上睿鑒謹

奏

欣慰覽之。但清口江省被水黃河者，尚未[illegible]

亦之決口於堤務要緊，不容遲[illegible]奏[illegible]

乾隆五十一年六月　二十七　日

五四七

奏

臣李世傑臣李奉翰臣蘭第錫臣畢沅跪

奏為遵

旨會議具奏事竊臣等接准工部會同大學士等議

覆臣蘭第錫等覆

奏豫省河工乾隆四十四年預備四十五年歲蔴

一案議得此案既經該督等兩次遵

旨詳查實係應用蔴觔只緣例內向未開載是以歸

於稭價內造報自屬實在情形應准酌改章程

實用實銷庶工料錢糧俱可歸於核實但查該

督等奏稱水勢緩急不同用蔴多寡亦異是鑲

墊用蔴原應視工程平險酌定蔴觔數目今只

稱每寬長一丈高一丈用蔴繩二條各重四十

五觔其水勢緩急不同之處並未將應用蔴觔
多寡細數酌定分别開列且黄河鑲墊工程高
寛丈尺不一其自二三尺以及一丈以外至二
三丈餘尺之工應如何用蔴之處亦未分晰聲
明應令再行詳細開列以憑載入河工則例永
遠遵行至豫省黄河與東省南河工程事同一
例其東省及南河鑲墊定例亦不用蔴該處黄
河水性沙土與豫省是否相同向来鑲墊工程
或係只照例用秫稭土方抑或亦須用蔴一律
歸於稭價内通融造報之處應請
旨勅下該督等會同兩江總督江南總河將江南山
東兩省黄河鑲墊做法詳晰查明據實具奏一
併載入則例以備報銷時核實辦理等因具
奏奉
旨知道了欽此欽遵轉行到臣等臣蘭第錫當經行
據山東兖沂曹道高璐詳稱山東黄河接連豫
省土性純沙並無二致其鑲墊用蔴歸於稭價
内造報亦俱照豫省之例辦理等情並據豫省

司道將水勢緩急不同之處用蔴多寡數目查
明分晰具詳前來臣蘭第錫臣畢沅公同覆核
查豫省水深工程原係分别下埽紥枕層次加
鑲其埽上鑲墊每寬長一丈高一丈用騎馬蔴
繩兩路計繩兩條共重九十觔其自二三尺以
及一丈以外至二三丈餘尺之工均係探確水
勢之淺深量明工程之寬窄長短折算單長丈
尺總以每丈用繩兩條按數遞為增減其有溜
勢過急埽工陡蟄入水不能緩待下埽者則用
大船一二隻横施長木密拖蔴繩拴繫堤頂留
橛之上捆摟軟鑲用蔴較多每寬長一丈高一
丈需蔴一百三十五觔扣抵秫稭七十二束仍
於稭價内扣抵報銷總不出每丈用銀一兩一
錢六釐之數其東省工程亦係一律辦理謹將
司道送到分别用蔴清冊咨送工部聽候核明
載入則例永遠遵行至江南河工徐揚兩屬鑲
墊工程原與豫東兩省同一事例惟用料做法
有因地制宜多寡稍異徐屬動用秫稭揚屬動

用葦柴每單長一丈俱開報三十八束值銀一
兩二分六釐土半方銀六分二釐五毫共銀一
兩八分八釐五毫至搬柴挑土俱係河兵力作
不算錢糧惟遇另案大工方准另行開銷并動
用蔴繩騎馬等項是以南河鑲埽工程報銷例
價核與豫省數目稍減此江南辦理工程之實
在情形也所有臣等查明豫東二省用蔴細數
及江南鑲埽工程情形理合會同恭摺覆
奏伏乞
皇上訓示勅部議覆施行謹
奏

該部議奏

乾隆五十一年七月 二十一 日

臣蘭第錫跪

奏查豫東黃河十八日以前情形節次奏蒙

聖鑒十八九兩日又長水二尺旋即消落各處埽工隨時加鑲俱極平穩河水善於坐灣現今李六口以西蘭陽六堡舊大堤外掃灣塌崖一處離大堤三四十丈又山東曹縣下汛二堡兜灣塌崖一處離堤八九十丈臣差委弁督同該管營汛切坡掛柳以免再坍並預築挑水土壩以資防範其餘平險工段一律穩固理合附陳謹

奏

覽

五四八

奏

臣李世傑臣李奉翰臣書麟跪

奏為欽奉

諭旨恭摺覆奏仰祈

聖鑒事竊臣等於外河桃源工次承准大學士和珅

字寄內開乾隆五十一年八月二十三日奉

上諭據李世傑等奏黃河漫口司家莊東西壩工現
已做成六十餘丈口門尚寬一百九十餘丈其李
家莊漫工業已做成七十餘丈口門僅寬四十餘
丈月底月初即可堵合等語前因司家莊漫工係
河湖相連之所是以諭令該督等上緊堵築目下
節屆霜降不久立冬水勢日就消落歸槽於進占
下埽事宜自更易於著力且據奏顧家莊引河亦

已挑有一半工程八月底可以挑竣所需正雜料
物現在源源運工應用無難尅期堵合其湯家莊
等處漫口亦可次第趲築迅速蕆事著傳諭李世
傑等督飭工員赶緊堵築務於九月内一律竣工
俾黄水速歸故道以慰廑注本年清黄並漲所有
堵築漫工賑恤各欵應用若干前已諭令該督等
通盤核計實在應需數目此時自已核有確數並
著該督等即行據實覆奏將此由六百里各諭令
知之欽此遵
旨寄信前來臣等跪讀之下仰見
聖主廑念要工速期蕆事俾黄水早歸故道永奠民
生至意臣等身任地方職司河務每日督催趲
辦不敢一刻自寬伏查黄河漫口四處除外河
之烟墩頭一處業已堵閉斷流現在補還原堤
鑲修埽工又山安之李家莊一處前經兩壩進
鑲所存口門寬四十餘丈旬日以來又做成二
十四丈現存口門僅寬二十三丈計日亦可完
竣桃源之司家莊一工東西兩壩又做成二十

六丈口門尚寬一百七十餘丈山安之湯家莊一工已做成十四丈口門尚寬二百三十餘丈目下節屆霜降誠如

聖諭水勢日就消落下埽易於著力自應赶緊辦理各工所辦蘇麻光纜椿栿木植等項俱已陸續運集足資應用秫稭柴蘆分投採辦亦俱辦有成數祇以各工需料不下二三千堆皆由徐屬産地辦運各州縣因值上年旱荒之後牛車較少均須從水路運送而本地運料船隻儘數封雇不敷裝用前經臣等咨會豫省代雇船八百隻來江裝運節次移催業已雇到船九十餘隻臣等委員在於交界處接收給發水脚先儘距工較遠之碭蕭豐沛等縣辦貯水口之料先行赶緊運赴司家莊交收濟用其餘各處稭料仍令地方官就本地船隻車輛由水陸兩路源源運交以期應手赶辦臣等惟有一面督催各州縣所辦料物設法趲運交工一面嚴飭各工員晝夜上緊堵築務於九月内一律完竣俾黄水

速歸故道仰慰
聖心廑注至本年堵築各漫口需用工料錢糧前經
臣等約估具
奏共需銀五十餘萬兩今自各處開工以後撙節
辦理核計有省無增統俟工完核實
奏報至地方被水各州縣仰蒙
聖恩撫賑兼施其應行撫卹銀兩業已散放惟賑濟
必須核其災分輕重查明應賑戶口多寡造冊
核實方有確數藩司衷鑒現在周歷各屬督同
印委各員挨次確查一俟查明彙齊報到即行
核定據實奏
聞所有臣等欽奉
諭旨謹先恭摺由驛覆
奏伏乞
皇上睿鑒謹
奏

已奏俱悉亟速另有旨

乾隆五十一年九月初一日

五四九

奏

署理河東河道總督臣蘭第錫跪

奏為奏

聞事竊臣先准工部咨文令將豫省黄河做過工段
用過銀兩會同詳查又令每年將新添及化平
各工段均於秋汛後專摺

奏報等因臣在豫防汛時將各廳搶辦工段及用
過工料隨時查核登記今已過大汛應再逐一
親勘核對且查臣自豫回東後據管河道蔣果
及各廳營節次稟報蘭陽十四堡挑水壩第九
埽并儀封六七堡新刷出舊埽十餘段及儀封
十六堡挑水壩第七埽至十一埽均因掃灣淘
底水深五六七丈自八月二十至九月初一屢

次陡蟄晝夜搶辦穩固其上南廳屬鄭州頭堡溜走堤根修做防風一百丈又刷出舊埽二十餘段水勢僅深二丈餘尺尚易辦理等情臣查今年黄河秋水本盛兼因江南各工尚未合龍上游溜勢湧急刷深河底是以蘭儀新工水勢必至六丈以外方能站定埽面因之寬濶臣起程回東時各工平寧惟止蘭儀新工三四處尚須防守當將緩工各廳營弁兵調派協防得以隨時分投搶辦又經陞任撫臣畢沅陞任藩司江蘭酌撥錢糧督飭州縣帮辦車船撥運料物源源接濟并雇覔人夫於鑲埽之暇催築戧工實為不遺餘力現在各工積存土料甚多時適霜降水力益弱溜勢亦俱拖順平穩其用過工料銀兩應須彙核查辦臣當親身勘驗且一切工程事宜更有應與撫臣商酌預辦之處臣擬俟重運全出東境署道羅煐由衛河南來將照料湖水及催儹回空交與該道督辦臣即於月內馳赴豫省逐一清查以便核實會同具

奏事竣仍速回東以期兩無貽悞所有寒露後搶

辦黃河工程臣擬赴豫清查緣由謹繕摺具

奏伏乞

皇上睿鑒謹

奏

知道了

乾隆五十一年九月　初十　日

再臣前

奏擬於月內赴豫清查搶修錢糧今回空糧船截至九月十九日已入德州四十四幫已過臨清二十八幫已過濟寧十幫運河水勢充裕臣諄飭道營廳汛分段儹催不致遲悞今年輪值小挑已派諳練人員乘空測量河底高低確切估計亦可不悞十一月初一日煞壩之限臣即於九月二十七日起程由商虞新堤挨查工料俟查竣另行具

奏謹

奏

五五〇

奏

臣李世傑臣李奉翰臣書麟跪

奏為堵築漫工做過分數及現在趲辦情形仰祈

聖鑒事竊臣等於本月初一日

奏覆黃河四處漫口已未堵竣情形一摺初十日

奉到

硃批覽奏俱悉亟速妥為之欽此臣等恭閱

硃批訓諭益仰我

皇上垂念要工速期安竣至意伏查桃源山安二廳

未堵漫口三處內司家莊一處屢奉

聖明指示首先趲堵前已做成一百二丈旬日以來

工員兩壩晝夜上緊趲辦西壩正當迎溜拼搶

做邊埽又做成四十餘丈連前共長一百四十

餘丈口門現寬一百三十餘丈因霜降時黃水續長三尺五寸兩岸又復漫灘溜勢湍激新做埽壩必須層層鑲築追壓到底方可接手進占在工文武員弁共知慎重辦理不敢輕率從事兩壩現俱堅實穩固對岸顧家莊外灘引河將次趕挑完竣俟司家莊漫口收至六七十丈時即相機開放以期掣溜多歸正河趲堵合龍更易為力其李家莊一處前已收存口寬二十三丈亦因黃水加長兼之正陽關淮水同時報長七尺餘寸洪澤湖内五滚壩先經堵閉水無旁洩俱由清口會黃下注是以李家莊口門内水深溜急更宜妥慎辦理日來又做成一十二丈尚存口門寬一十一丈現在飭令將備將兩壩加鑲堅穩即為進埽二十日前後可期堵合至湯家莊一處地處下游徐屬所辦稭料因上冬今春旱荒之後牛車短缺陸運無多須由水運而本地船隻較少前咨豫省代雇船八百隻至今止到船一百餘隻裝運上游豐沛蕭碭之料

先儘桃源司工收用未能運送湯工該處東西
兩壩雖已做成四十七丈口門尚寬臣等甚為
焦急查蕭湯營所產海柴向年俱於霜降後開
採今歲督令備弁等先期採割堆貯水口現已
撥船上緊運送即日可以陸續到工應用臣等
惟有凜遵
睿訓一面催運料物一面趕緊做工於趲辦之中備
加慎重以期各工及早堵合妥竣仰慰
聖懷再洪澤湖水前已消存九尺一寸日來又加長
五寸現存水九尺六寸勢尚充裕所有清口禦
黄東清兩處壩工委員趕緊趲築禦黄壩已做
長一百五十餘丈東清壩已做長七十餘丈俟
收存口門寬一二十丈時再行察看湖水情形
相機接築於收束之際仍可洩其有餘又於宣
洩之中仍可收符定制合併陳明伏乞
皇上睿鑒謹
奏
覽奏俱悉

乾隆五十一年九月十五日

五五一

奏

臣李世傑臣李奉翰臣書麟跪

奏為秋汛內搶辦黃河新埽及收蓄運河水勢情

形仰祈

聖鑒事竊照江南黃河上自虞單交界下至海口計

程千有餘里地處下游自乾隆四十八年豫省

蘭陽李六口迤下改挑新河以來南河溜勢不

無改移前歲去年邳睢趙家莊迤下之彭家莊

及桃源之王家莊徐昇壩等處兆溜往上提即

溜隨下坐臣李奉翰察看情形即經督飭道將

廳營先事預籌加幫縷越堤工築做壩臺裡戧

相機下埽搶護緣由節經恭摺奏

聞在案今歲五六月內黃水增長彭家莊王家莊徐

昇壩等工甫經辦定足資保護迨交秋汎銅沛

廳屬彭家樓邳睢廳屬謝家莊無工處所大溜

偏趨直射勢甚洶湧數日間外灘盡行塌去潰

及堤坡俱屬險要幾至趕辦不及幸各料應手

得以分投搶護查桃源北岸徐昇壩前已做成

新埽八十餘丈八月内溜復下移接做新埽六

十餘丈南岸王家莊埽工亦多平墊均須跟鑲

追壓以資抵禦臣李奉翰臣書麟正在司家莊

堵築漫口就近將徐昇壩及王家莊新埽督飭

趕鑲穩固其彭家樓謝家莊等處未能親往督

辦委令淮徐道康基田徐州府宋覲光督同廳

營自閏七月起至九月初旬晝夜搶鑲保護無

虞現將動用料物土方銀兩分晰核實造冊具

題送部查核不使稍有浮冒其邳宿桃清運中河

内水無來源全藉東省微山湖存水接濟空重

漕船向來微山湖誌樁總須收水一丈一尺以

上為度今歲水勢稍弱誌樁上止存水五尺六

寸較往年計小五尺餘寸臣等業將邳境河清

河定河成三閘越河壩工早為堵閉并將清汛
雙金閘楊莊口門頭二三壩先為接築大加收
窄以期多為存蓄復將運河王母山沙家口汶
河口等處流沙古淺段落加緊撈浚俾各深通
暢順目下回空南下足資浮送而來年重運經
臨此時必須早為經理庶免臨時周章江境駱
馬湖每年江廣重船到時將王柳二壩啟放引
水入運亦可稍資接濟臣等已將尾閭五壩加
高培厚早為收蓄現存水一丈四尺五寸其東
境微山湖内臣等又咨會河東河臣蘭第錫再
為設法籌辦以期湖水充裕足資明春濟運外
所有秋汛内搶辦黄河新埽及收蓄運河水勢
情形謹合詞繕摺具
奏并繪圖貼説恭呈
御覽伏乞
皇上聖鑒謹
奏
已奏俱悉餘有旨諭

乾隆五十一年九月 二十四 日

五五二

奏

陞授湖廣總督河南巡撫臣畢沅

奏爲奏

聞事竊照豫省黄河水勢自交白露以後日見消落

工程平穩經臣等節次恭摺

奏報在案嗣河臣蘭第錫因東省微山湖收水緊

要于八月十五日

奏明回東督辦所有各工修防要務臣率同道廳

等時刻留心料理查水勢雖漸消落但秋水善

于坐灣刷底且南堤蘭儀一帶情形變遷靡常

仍須加意防護旋據開歸道蔣果稟報蘭陽十

四堡挑水壩因河溜上提八九兩埽時見行蟄

儀封十六堡新築挑水大壩亦因河水歸圈刷

底尚有陡蟄之處又儀封六七八等堡舊工新
生溜勢淘刷埽根亦屢行蟄等情臣隨馳赴各
工督率該道等隨時上緊搶廂並飛撥上游各
工舊存料物復就近採買新稭配搭廂修現已
一律穩實溜勢亦已拖順再上南河廳屬鄭州
頭堡郃家寨舊有埽工亦因溜勢坐灣刷出舊
埽四十餘段臣據報即飭委開封府知府陳文
緯趕緊採買新料星夜運工應用亦已搶修平
穩日内時交冬令水力綿弱兩岸各工均屬穩
固除仍飭道廳勤慎修防毋得稍有懈忽用過
夫料錢糧俟河臣蘭第錫到豫查明彙核請銷
外所有霜降以後黃河水勢情形理合恭摺奏
聞伏祈
皇上睿鑒謹
奏

看來汝仍宜在河南多守幾年為是已有旨了

乾隆五十一年九月二十八日

五五三

奏

臣李世傑臣李奉翰臣書麟跪

奏為堵築漫工口門漸窄水勢較深慎重進鑲以

冀穩固緣由仰祈

聖鑒事竊照黄河漫工内未堵之司家莊湯家莊二

處先後趲築丈尺及司家莊漫口對岸之顧家

莊外灘引河將次挑竣情形前經臣等恭摺奏

聞在案兹查九月望後至今天氣晴明人夫雲集并

豫省代雇之船近又陸續到有二百餘隻連前

共到船三百五十餘隻臣李世傑屢經嚴飭徐

海各州縣上緊裝運秫稭并飭蕭碭營撥運海

柴分交司家莊湯家莊兩處應用臣李奉翰專

任桃源司工臣書麟專任山安湯工督飭道將

廳營及文武員弁無分晝夜實力赶緊趲辦自十六日起至二十八日司家莊東西兩壩又做成八十餘丈一面外鑲邊埽一面澆築裡戧對岸顧家莊引河挑完之後復加收拾查驗如式即於二十八日相機開放查水頭高於引河五尺七寸勢甚建瓴引溜入河湍激直趨頗屬暢順漫口水勢較前已緩工作易於為力其湯家莊東西兩壩亦已赶緊接築旬日以來又做成七十餘丈伏查兩處漫口司家莊原寬二百七十餘丈今已做成二百二十餘丈止存口門寬四十二丈湯家莊漫口原寬二百五十餘丈今已做成一百六十餘丈尚存口門寬八十餘丈各該漫口如料物應手按日計工原可於九月內趲築完工祇因徐海各屬去冬今春被旱之後牛車短缺陸運無多而本地船隻又少豫省代雇之船先後共止到有三百數十隻是以集料維艱工程未能如期趲做且漫口愈收愈窄水勢未免日漸刷深所築之工稍有草率關係

匪輕查向來漫口堵合之時必須先将做過壩

臺普面加高外首邊埽一律鑲成層層追壓到

底以免疎虞今各處所做工段尚屬進丈得丈

此後料物催趲運交較前雲集臣等惟有恪遵

睿訓處處慎重料理嚴飭工員竭力赶辦妥慎鑲壓

既不使懈忽遲延亦不使輕率從事於奮迅之

中常存敬慎之意務令工程十分堅穩以期一

舉成功仰副

聖主廑念河防至意容俟各工全行辦竣星馳奏

聞外所有現在堵築漫工口門漸窄慎重辦理緣由

理合恭摺會

奏伏乞

皇上睿鑒謹

奏

知道了。慎重為之。朕無不日夜焦思，惟速合龍口，但亦不當欲速致誤，多籌多籌，相機為之。

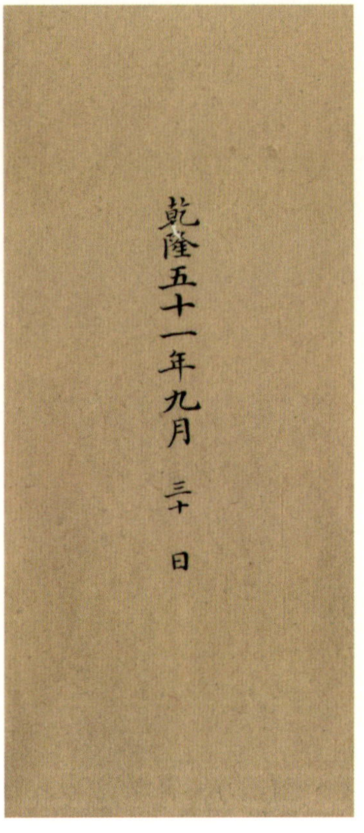
乾隆五十一年九月三十日

奏

陞任陝西按察使臣王昶跪

奏爲拏獲伊陽匪犯並於黄河各渡口稽查大名

匪犯情形仰祈

聖鑒事竊臣欽奉

諭旨以雲南藩司自已有人署理令將河南伊陽並

直隸大名兩案匪犯督飭員役上緊踹緝以期

迅速弋獲臣當將嚴密查拏四面堵截緣由

奏覆在案惟是奉

旨督緝以來已將兩月而匪犯尚稽就獲臣實不勝

焦切兹於途次連接商州營遊擊張濯移稱拏

獲伊陽書辦夏璜等二名係因本官被害逃竄

之犯又據西鄉縣典史周起岱禀稱拏獲王進

戍一名又據商州州同李景蓮山陽縣知縣孫
樹稟稱拏獲馮萬良一名係動手拒捕之犯又
據候補都司黄聯輝商州知州杜錡稟稱拏獲
秦國棟親弟秦三及秦國棟之子秦即兒等因
均經臣飛飭各該州縣遴委幹員帶領兵役並
沿途派撥兵丁小心護送押解省城聽候撫臣
永保收審分別辦理至大名一案兇犯如其逃
越陝境應由山西而來黄河渡口最關緊要臣
由潼關前赴朝邑郃陽韓城一路查看該三縣
沿河之處延長四五百里對岸即係山西滎河
永濟各縣其潼關一處渡口為晋豫陝三省要
津現有潼關協副將關騰潼商道德明督同署
同知莫洪等分派兵役列岸嚴查自為周密至
朝邑有大慶關渡一處郃陽有夏陽官渡一處
韓城有芝川禹門官渡二處俱先經撫臣永保
分派佐雜把守巡邏每日日出放船至晚收泊
凡有過渡民人俱將面貌查對且詢問姓名登
記檔案查辦均屬認真至此外尚有私渡民船

係河西民人前往河東種地所用現在莊稼齊
收鄉民本可毋庸來往臣將私渡船隻查明盡
數撤回更屬無從偷越臣又以一交冬令河冰
即應凍合詢之水手人等據稱從韓城而南地
勢向陽冰凌甚薄難於行走惟禹門地氣較寒
向有冰橋臣飭該縣一俟冰澌凝結即於冰橋

前搭蓋棚廠仍率同員役長川駐守不得稍有
疎懈至韓城以北為延安榆林地方所有各渡
口亦經撫臣永保派有員弁稽察且有延榆綏
道恩明董率查拏亦似無虞疎漏臣由韓城朝
邑回至潼關接奉撫臣飭知所訊秦三等供詞
稱秦國棟等曾有欲逃往均州武當山之語臣

思該犯等鬼蜮伎倆無所不至或指東話西仍
逃匿楚陜連界地方或因查拏緊急另往別處
均未可知且尚有劉天瑞等三名未獲臣即從
潼關一帶馳往該處嚴飭文武員弁再行倍加
上緊搜查務使匪犯盡絶根株不致稍稽顯戮
所有獲犯查卡情形恭摺具

奏伏祈

皇上聖鑒謹

奏

所謂周章[illegible]失措者也

乾隆五十一年十月　廿　日

五五五

奏

署理河東河道總督臣蘭第錫
新授湖廣總督河南巡撫臣畢沅 跪

奏為再懇

聖恩請添要工同知以重河防事竊臣等前因黃河

南岸蘭儀通判所管新堤八十五里零險工較

多通判一人不能兼顧似應改添同知一員畫

地分守所需俸廉役食即在河工各同知通判

額設養廉內均勻裁省支給并酌改千總縣丞

主簿銜缺一摺欽奉

硃批該部速議具奏欽此經部臣議奏千總縣丞主

簿等缺應如所奏改調辦理其增設同知雖因

屢生新工慎重防守起見但查河南河工同知

通判共有十缺衹應於河工同知通判內擇其

河務稍簡者奏請改調移駐未便遽議增設仍
令即行酌量更調具奏以防要工等因奉
旨依議欽此欽遵行知前來臣等遵即往返札商并
與陞任藩司江蘭及該河道等公同詳議查豫
省河工同知通判共有十缺除蘭儀通判外上
南下南上北下北同知四缺皆有臨黄險工黄
沁同知一缺經理黄沁兩河工程曹考睢寧商
虞通判三缺分管黄河堤工均屬綿長緊要此
外尚有衛河通判一缺雖河務稍簡但係運河
上游官民閘壩蓄洩攸關又兼辦衛輝府屬催
兑漕糧事務且該府别無佐貳止此一員是河
工丞倅實無可以改調移駐之缺伏思定例各
省應需人員管理止准於通省内改調不得具
奏增添臣等何敢輕議更張但黄河形勢變遷
靡定現在蘭儀一廳所轄實係至要工程一員
不能兼顧即如今年五月以後蘭陽十四堡暨
高家寨等處溜勢上提下坐全河側注南岸淘
刷愈深各工埽壩屢修屢蟄及至八月以後儀

封六七八堡舊險新生埽灣頂衝更為險要雖晝夜盡力搶鑲直至霜降以後小雪以前始得住手臣等目擊情形不得不為預防之計況前次原奏請將新添同知所需俸廉役食在於河工同知通判額設養廉內量為裁省均攤支給在各廳裁減無多亦不致虛縻經費合無再懇

皇上天恩俯准仍照臣等原奏添設同知一員分管蘭儀睢三汛工程與要工修防方免貽悞如數年後工程平緩一人可以兼顧即行

奏明裁汰以符舊制臣等仔肩重任反覆籌議實緣河防重大必須分員責成謹合詞瀆懇如蒙

俞允容將分管汛地再為悉心酌商議定銜缺并一切廉俸役食裁改事宜以及酌換關防鈐記等項另行分別題咨辦理為此繕摺會同具

奏伏乞

皇上睿鑒謹

奏

該部議奏

乾隆五十一年十月　初六　日

五五六

奏

臣李世傑 臣李奉翰跪

奏為堵築各漫工完竣核實用過錢糧數目恭摺

奏

聞事竊照江南黃河并淮安運河於七月初旬因河

湖並漲先後漫溢數處臣等凛遵

睿訓督率道將府縣廳營分投集料趲堵内裏河廳

屬之碧霞宫周家莊二井五孔橋四處黃河内

桃源廳屬司家莊外河廳屬烟墩頭山安廳屬

李家莊湯家莊四處臣等遵

旨次第趕緊趲築業已先後堵合完竣均經隨時恭

摺

奏報仰慰

聖懷各工堵閉之後臣等復督在工員弁趕緊加鑲

已令方後來頗嫌遲矣

追壓一律堅實穩固交明各該管廳營防守仍令道將往來查勘督率保護原調各營備弁兵丁俱令各回本汛修防其堵築各漫工用過正雜料物夫土錢文臣等率同道府逐工詳細確核統共用銀四十九萬七千八百餘兩按照定例銷六賠四計應銷銀二十九萬八千六百餘兩應賠銀十九萬九千一百餘兩除將做過工段動用錢糧分工另造細冊照例恭疏具

題并送部查核外所有堵築各漫工完竣核實用過錢糧確數臣等謹繕摺奏

聞再黃運湖河一應善後工程臣等現在督率道將分投確估次第辦理另行具

奏務使全河鞏固永慶安瀾合併陳明伏乞

皇上睿鑒謹

奏

知道了

乾隆五十一年十一月二十八日

五五七

奏

江南河道總督臣李奉翰跪

奏爲新淤蕩地請添樵兵以資採割以濟工需仰

祈

聖鑒事竊於乾隆四十六年欽奉

諭旨黃河堤內灘地毋許民人耕種居住致礙水道

等因欽此查葦蕩右營即屬黃河尾閭額蕩之

外海潮漲漫漸次長有淤灘間生雜草附近葦

蕩不便召民墾種臣於上年飭委河庫道赴蕩

親勘查丈共計新淤蕩地二千六十餘頃每歲

可得柴十七萬束當經臣恭疏具

題接准部覆奉

旨依議欽此欽遵在案所需樵兵臣即令於右營額

兵内抽撥樵採緣葦營兵丁每名每歲採割柴
束定有額數且蕩地遼濶裝筏出筏運至水口
計程數十里不等新淤蕩地增柴十七萬束必
須樵兵百名方能敷用上年因蕩地被旱兵有
餘閒尚可通融抽撥本年雨水調勻産柴足額
該營三汛按畝計柴額設樵兵六百七十八名
本無閒曠若抽撥一百名赴新蕩樵採則舊蕩
所存兵數未免不敷採割顧此失彼殊形竭蹶
而兵力不敷所長餘柴無人樵採棄置亦屬可
惜且目今柴價昂貴工料所需少採一束即須
添辦一束之費臣再四酌籌新淤蕩地若全行
添設新兵於樵採裝運出筏等事亦恐不諳應
請添設一半新兵五十名在於舊蕩内抽撥一
半舊兵五十名合計一百名赴新蕩樵採則新
舊兩蕩兵力均屬足用查新蕩每歲增柴十七
萬束值銀三千四百兩添設新兵五十名每歲
只需餉銀七百三十二兩毋庸另動錢糧即在
柴價内開支尚可節省銀二千六百六十餘兩

俟將來舊蕩長柴旺盛各汛額兵不能抽撥再
請添足新兵酌掣舊兵回汛如此隨時調劑庶
與蕩務工需兩有裨益所有新淤蕩地抽撥舊
兵添設新兵樵採緣由理合繕摺具
奏伏乞
皇上睿鑒訓示謹
奏
該部議奏
乾隆五十一年十二月　初十　日

五五八

奏

署理河東河道總督臣蘭第錫
巡視山東漕務給事中臣阿那布 跪

奏為恭報挑工分數事竊查運河挑工前有六分
有餘緣由臣等於十二月三十日會同恭摺奏
蒙
聖鑒後臣阿那布於正月初六日前往南旺東昌臨
清一路臣蘭第錫亦即赴彭口韓莊八閘一帶
分投查催茲於十七八等日先後回濟所有臨
清南旺塘河均已次第全完濟寧塘河亦將次
挑竣惟彭口塘河前因放水接濟江境回空船
隻開工較遲現在加夫趕辦亦有六分有餘其
餘長河均挑有六七八分不等以土方牽算統
計工程實有八分有餘至已完各工逐段量驗

均屬照估如式令計南糧船隻到境尚需時日
臣等嚴諭各員上緊趕辦務於限內一律妥竣
不致遲悞亦不得急圖早完致有草率臣等仍
南北往來分投查催不使稍有偷減滋弊以仰
副
皇上厪念河漕之至意除俟挑工一律完竣另行恭
摺奏報外所有挑工分數理合會摺奏
聞伏乞
皇上睿鑒謹
奏

知道了

乾隆五十二年正月　二十　日

五五九

奏

署理河東河道總督臣蘭第錫跪

奏為查勘黄河工料情形恭摺奏

聞事竊臣於二月初九日起程赴豫由單縣渡河先
勘商虞至蘭儀新舊堤工復自蘭陽李六口過
河履查北堤至武陟縣之沁河仍至南岸挨查
上南下南各工查黄河水勢自二月初旬以後
節次增長數寸至一尺餘寸不等俱係隨長隨
消舊河灘崖高於水面八九尺至一丈一二尺
李六口以下新河灘崖高於水面五六七尺不
等河形一律寬深暢達東注並無拘束壅滯之
患各廳預購料物先經撫臣畢沅藩司江蘭委
員查催該司與道府屢到工所查驗現俱實貯

在工臣率領効力人員每到一處細點堆垛數
目兼用丈竿抽量尺寸實屬儲備充裕並無短
少槩混南北兩岸現在臨黄埽工經上年鑲辦
之後尚屬整齊間有卑矮朽爛應行拆修加鑲
臣驗看明確諭令廳營實力趕辦所需料物亦
經樽節酌定不敢稍任虚糜至李六口土山後
擬挑引渠及蘭儀睢寧新堤戧壩幫築各工經
撫臣藩司商委府州人員與河工廳營均分段
落照依臣等原
奏土方數目撥發司庫錢糧於正月二十日至二
月初十日次第興工臣親督諳練員弁查照估
冊丈尺簽釘誌樁封記灰印并派効力各官隨
工監驗務於汛前如式妥竣仍將所挑引渠酌
留壩頭俟大汛水長相機啟放工完之日臣飛
馳来工逐一覆驗以杜偷減草率其南北舊堤
有上年幫培案内未經估辦今應加培之處責
成道廳確切估計臣逐一核明入於搶修項下
辦理毋庸另動錢糧臣現赴開封與撫臣等商

定催工預防一切章程後臣即由北岸太行堤一帶勘查堤埝并驗看各州縣水利坡河可以順勢導引遞達微湖之路回至東省料理南糧入境各事宜至臣經過沿河各府春初節次得雨麥苗一望暢茂大田紛紛播種民情甚為歡悅理合附陳所有臣查過黃河水勢及料物工程情形謹繕摺恭

奏伏乞

皇上睿鑒謹

奏

又奏欣慰

乾隆五十二年二月　二十七　日

五六〇

奏

江西巡撫臣何裕城跪

奏為漕船在北借支庫項籌款墊解分年扣還仰

祈

聖鑒事竊照江西省十三幫上年出運漕船先因黃

河淺阻繼因運河决口魚之邳宿一帶節節淤

淺不能依限抵通經漕臣毓奇

奏明在於北倉安陵等處截卸所需剥運等費各

丁無力措辦借用倉場長蘆兩庫銀八萬五千

餘兩先准漕臣毓奇咨會到臣並飭司道籌議

歸補兹據藩司李承鄴會同督糧道初之朴詳

稱江西糧道庫止有奉撥永存銀八萬兩為遞

年預墊運費之用未便動解北庫以致墊放無

資此外及藩庫別無閒款可動溯查乾隆二十
二年漕船阻遲囤卸借用直通二庫銀兩經前
撫臣阿思哈
奏明在於道庫解存漕屯兵折等款銀內動支解
還即於軍船旗散各丁應幫運費銀內按追還
款在案今各幫借用倉場長蘆庫銀應請循例
於道庫漕屯兵折等款銀內先行動支分解還
款但二十二年江西屯田公種公收尚未議徵
餘租出運之丁原藉公幫資用是以墊解庫項
即於旗散各戶攤追迨二十四年餘租歸官給
丁濟運停止旗戶散軍幫貼之例現今不便復
將前項墊銀攤追滋累應仍於原借各丁名下
按其銀數多寡分限扣追還項所有贛州饒州
南昌前吉安九江前南昌後等六幫係在北倉
截卸剝運程短費輕約共借銀三萬二千四百
二十七兩零應查明如係長運之丁在於本丁
應領新運錢糧內分作六年扣還若係輪年領
運并滿料僉換之丁即於本丁名下分作三年

勒令照數完繳如實有不敷再於族散各戶酌
量攤追歸欵其安福永建袁州廣信撫州鉛山
九江後等七幫係在安陵截卸運抵北倉轉運
通州程遠而費亦多約共借銀五萬二千六百
四十九兩零如係長運之丁在於本丁應領新
運錢糧内分作八年扣還若係輪年領運及滿
料僉換之丁在於本丁名下分作五年勒令照
數完繳如實有不敷再於族散各戶酌量攤追
歸欵至上年漕船回空較遲兑開期迫丁力倍
形拮据且有本應坐扣之山東等處支借等銀
實難再扣所有前項墊銀請於今冬扣起並將
各丁領借細數確查造冊另詳送部查覈等情
具詳前來臣查軍船領運漕糧全藉行月等費
今各船借用倉場長蘆庫項若係長運之丁遽
將應領新運行月錢糧全行扣留勢至束手無
策即停運疲丁責令一時全數完繳亦屬力有
不能體察情形實屬拮据臣與漕臣毓奇往返
札商亟應從長籌酌合無仰懇

聖恩准將各幫借用倉場長蘆兩庫銀八萬五千餘

兩循照二十二年之例先於道庫漕屯兵折等

欵銀內墊支解還仍自今冬爲始分限扣追陸

續歸欵俾丁力不致掣肘兩庫項亦得漸清除

飭查造各丁借銀細冊送部查覈外臣謹會同

漕運總督臣毓奇合詞恭摺具

奏伏乞

皇上睿鑒訓示遵行謹

奏

該部議奏

乾隆五十二年二月　二十八　日

五六一

奏

署理河東河道總督臣蘭第錫
河南巡撫臣畢沅跪

奏為桃汛已過黃河水勢安瀾恭摺奏
聞事竊查豫東黃河以清明後二十日之內為桃汛
之期臣蘭第錫於二月初九日赴豫勘查工料
會同臣畢沅督飭道廳文武員弁住守堤岸加
意巡防茲據該道廳等報稱自本年二月十八
日清明起至三月初七日止陸續長水五尺五
寸至六尺八寸不等俱係隨長隨消河流甚為
暢順各處臨黃埽工與上年秋汛形勢相同未
甚變遷間有單矮朽腐之埽畧見平墊當即樽
節鑲修一律平穩所有應挑李六口引渠及幫
築新舊堤工臣等會商派員分段監催嚴飭道

廳印汛認真疏築務於大汛以前一律妥竣以
期有備無患臣蘭第錫因重運將臨即由北岸
太行堤一帶回東料理所有黃河桃汛安瀾緣
由謹會同恭摺具
奏伏乞
皇上睿鑒謹
奏
知道了
乾隆五十二年三月　初八　日

臣蘭第錫跪

奏臣接到漕臣毓奇知會南糧頭進過淮江境宿

遷大壩亦已啟除臣飛飭署運河道羅煐將湖

口閘壩即行啟放接濟邳宿水勢臣現在馳回

照料再前任運河道沈啟震遵

旨來東據報已於二月二十九日行抵韓莊挨查北

上臣札知該道即由曹縣鉅野鄆城菏澤一帶

查勘水利河渠至巡漕臣阿那布自泰安兖州

由鄒滕嶧縣一帶查泉前往臺莊未及會銜合

併陳明謹

奏

五六二

奏

河東河道總督臣蘭第錫跪

奏為恭報黃河水勢長落工程平穩情形仰祈

聖鑒事竊臣於五月二十五日起程赴豫前經

奏明在案途次據河南陝州呈報該處萬錦灘於五月二十四日陡長水三尺又據鞏縣報稱該處洛河於二十五日陡長水二尺臣即於二十七日由曹單上堤該廳屬於二十四五六等日長水五尺餘寸並未漫灘惟曹縣下汛二堡內河勢坐灣側趨上年曾築土壩二道今尚離河二十餘丈臣飭令該廳營等切坡掛柳以緩其勢臣挨查而西據豫省各廳呈報自二十四日起至二十八日止接續長水四五六尺不等內

尚未入伏何盛如此
然伏前暴漲入
伏或更甚務須
以慎防為要

睢寧廳睢州下汛二堡挑水壩十一埽至十七埽蘭儀廳屬儀封八堡四埽至十六埽均因溜勢側趨蟄塌舊埽該道陳文緯督同廳營用船綑摟逐一加鑲已臻平穩其餘蘭陽十四堡及中牟十堡蘭陽銅瓦廂各工均有隨蟄隨鑲之處今於二十九日自辰至酉落水六寸各工更易搶辦詢之官員兵夫僉稱汛前有此大水刷深河道入汛更易修防等語臣復將李六口新挑完之引河逐一丈量均屬照估如式現在河頭河尾築埝看守俟水勢再長相機啟放以期掣溜成河俾蘭陽南岸各工咸歸平緩至豫東各屬自二十日以後連得大雨今於二十八九兩日天氣晴霽臣沿途目覩大田十分暢茂民情甚為歡忭兵夫在工力作倍加踴躍臣現赴各廳逐一查察率同道府印河各官細心講求防範務期有備無患以仰慰

聖懷所有臣到豫查明黃河水勢長落工程平穩緣由理合恭摺由驛具

奏伏乞

皇上睿鑒謹

奏

已奏俱悉

乾隆五十二年五月　三十　日

五六三

奏

河東河道總督臣蘭第錫
河南巡撫臣畢沅跪

奏為黄河水勢異漲南岸睢州下汛十三堡堤工漫水情形據實奏

聞事竊照黄河各工自五月下旬以後長水五六尺於五月二十九日消落六寸經臣蘭第錫奏報後嗣於六月初三日以後河水逐日增長並大雨傾注達旦連宵據陝州呈報萬錦灘於初三初五等日共陡長水七尺五寸鞏縣呈報洛河於初六日陡長水三尺三寸黄沁廳稟報沁河節次陡長至初四日積長水八尺下游各工據報自初三至初八九日積長水九尺至一丈一二尺不等各處險工埽前溜勢洶湧疊報危險

平工舊堤均有漫灘堤根水深二三尺至五六
尺其李六口以下新堤北岸至南岸拍岸盈堤
一望汪洋臣等同藩司江蘭及各道府印河等
官分赴兩岸往來督催搶護并將李六口新挖
引渠開放分溜刷去舊土山六七十丈蘭陽十
四堡壩工初險後平各處蟄陷埽工亦俱晝夜
搶鑲穩實惟南岸睢寧廳屬睢州下汛十三堡
原無埽工至初八日夜間漫灘水勢忽加增長
水平堤頂該廳營竭力搶護奈土性沙鬆水勢
浩大適值月暗之時疾風猛雨竟夜滂沱搶至
初九日寅時水頭湧高大堤平漫過水人力不
能施展該道府等原在各險工搶護埽段聞信
飛馳前往搶護臣等聞報亦即前後趕至該處
業經漫閞兩處各寬二十餘丈已屬無及查該
堤身距大河二里有餘大溜仍走大河尚未全
掣口門分溜不過二三分臣等督率文武員弁
捆埽堵截以冀掛淤易於集事除疎防之道府
廳州營汛職名照例另疏

題叅外至臣蘭第錫疊蒙
厚恩至深極渥專司河務未能防範皆由福薄不能
承受
恩澤以致復有此事上負
聖慈下貽民患驚懼戰慄無地自容仰懇
皇上將臣交部嚴加治罪以為無能貽悞者戒臣畢
沅亦未及先事預防以致有漫溢之事殊屬有
辜職守應請
旨交部嚴加議處再分溜下注之水仍由四十五年
及四十九年漫水經由故道由睢州寧陵商邱
一帶至亳州歸入淮河查藩司江蘭現在楊橋
工次臣飛調該司督飭委員查勘被水處所村
莊秋禾情形照例妥為撫恤所有黄河南岸睢
州下汛十三堡堤工平漫過水情形理合繪圖
貼說恭摺由驛馳
奏伏乞
皇上睿鑒謹
奏

皆寬免但竭力後完固堤工可耳

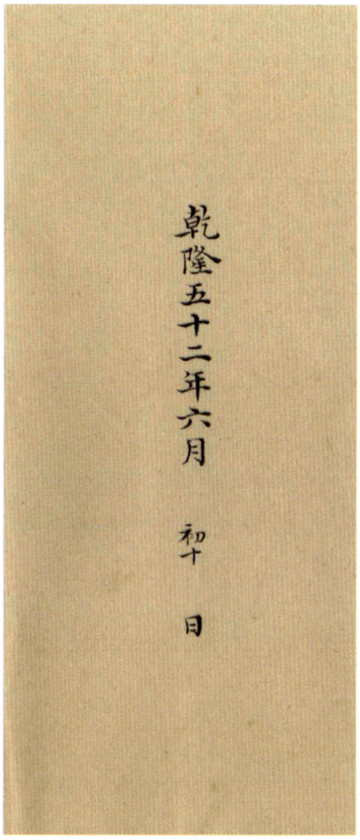

乾隆五十二年六月　初十　日

五六四

奏

江南河道總督臣李奉翰跪

奏為徐屬黄河工程擇要預修堅整以資抵禦仰

祈

聖鑒事竊照徐屬豐碭銅沛邳北睢南宿虹桃源各廳埽壩工程本年伏汛黄水盛漲歴久不消屢經大溜衝刷迨至七月中旬水勢陡消埽多蟄陷欹斜不整若俟黄流復歸故道臨時搶辦既恐趕修不及并於水中補拆鋪鑲更恐不能穩實臣與道將等公同商酌不若乘此埽底顯露之時預為鑲修實屬料省工堅臣於七月底即經委令淮徐道師彦公前往各處擇其緊要段落必應修辦之工確切勘估造册具詳查豫省

睢州十三堡漫工霜降前後即可堵築完竣徐
屬應修殘缺工段臣復加核明飭令實力鑲辦
專委淮徐道督催料理務於九月内修竣堅實
穩固俾黄水復歸故道時足資抵禦并來歲經
臨桃汛又免折鑲補鑲致多修費再徐城一帶
石工近年溜勢趨逼外灘漸次刷去石工樁脚
易於搜掣向用碎石抛填保護試有成效甚為
得濟節經奏蒙
聖鑒前於伏汛水大時碎石間有蟄陷并有外灘刷
塌已近石岸之處仍須一律補填碎石以資捍
衛目下石岸水涸若乘時購石鑲砌較之水中
抛填更資穩實復令淮徐道確切核實勘估共
需碎石一萬六千餘方並令該道先於堤上將
石塊堆成方數逐方驗收後於應行鑲護之處
挨次專員填鑲護砌不使稍有短少弊混以收
實效俟工完核實另行造册
題銷外所有徐屬黄河工程擇要預行修整以資
抵禦緣由謹會同督臣李世傑恭摺具

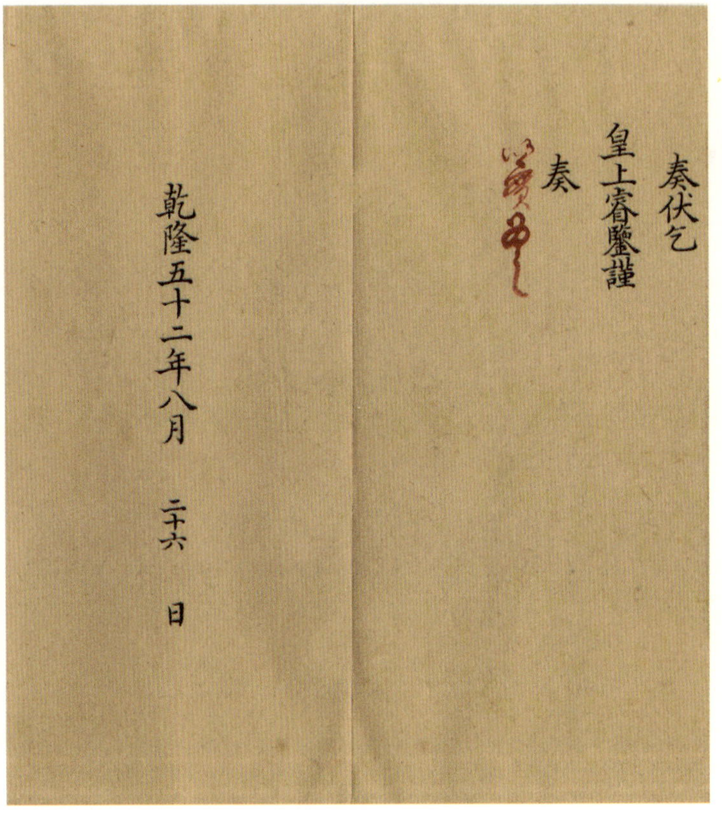
奏伏乞

皇上睿鑒謹

奏

乾隆五十二年八月　二十六　日

五六五

奏

臣李世傑李奉翰跪

奏為恭報邵伯漫工一律堵竣日期仰祈

聖鑒事竊照揚糧廳屬東岸堤工前於八月初一二
日連遇暴風驟雨湖河水勢陡長漫溢四處內
仲家莊四堡營房二處已於八月二十五九月
初六等日堵合完固先後恭摺奏

聞在案茲查周家溝黑魚塘二處臣等分住工所督

飭道將廳營集料進占晝夜趕辦仰賴

皇上洪福天氣晴和料物應手更兼人夫踴躍壩工
得丈進丈步步穩實周家溝黑魚塘兩處因水
深三丈八九尺及四丈四五尺不等溜勢較為
湍急臣等慎重督飭儹辦周家溝於十七日先

行堵跂黑魚塘於二十三日掛纜堵合鑲壓堅
實立即斷流臣等仍飭工員將兩工頂土上緊
加築俾資鞏固原調各營備弁兵丁俱令各回
本汛修防其堵築四處漫工用過正雜料物夫
土錢文臣等督飭淮揚道逐工詳細確核統共
用銀十一萬二千餘兩就近在於運庫支撥應
用按照定例銷六賠四計應銷銀六萬七千餘
兩應賠銀四萬四千餘兩臣等與道將廳營等
按股分賠完繳除將做過工段丈尺用過料物
錢糧分工另造細冊恭疏具
題并送部查核外所有邵伯漫工四處堵築全完
及用過錢糧確數謹合詞繕摺具
奏其高堰山盱揚河揚糧四廳風損石工臣等現
在確估另行奏
聞外伏乞
皇上聖鑒謹
奏

知道了

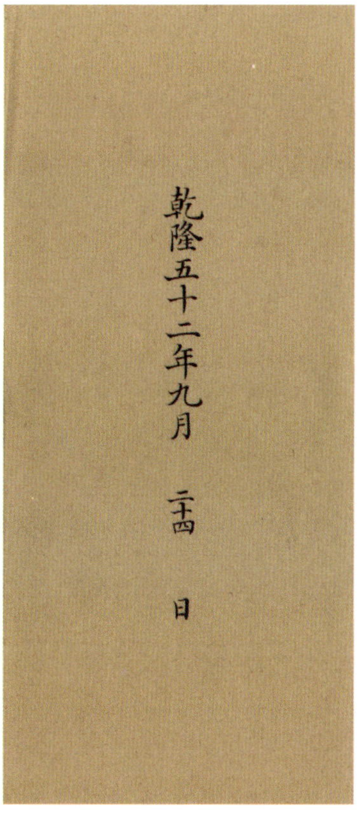

乾隆五十二年九月　二十四　日

臣李世傑李奉翰跪
奏臣等於九月十九日接准河東河臣蘭第錫河
南撫臣畢沅咨會睢州十三堡迤下新挑引河
業經完竣定於本月十五日卯時啟放漫口現
存二十餘丈於二十五日堵合下游應行防護
等因當經臣等飛行淮徐道并廳營等預為防
範俟黄水到境即行星馳禀報去後茲據淮徐
道師彦公禀稱九月十七日亥刻黄水已入江
南碭山縣境河内加長二尺暢流下注等情伏
查睢州引河於十五日開放十七日黄水即至
江境流行迅駛漫工溜勢自緩大壩即可迅速
堵合臣等甚為欣忭謹附摺奏
聞仰慰
聖懷伏乞
睿鑒謹
奏

五六六

奏

江南河道總督臣李奉翰跪

奏為徐屬黄河埽壩擇要預修完整現在水勢平

順情形仰祈

聖鑒事竊照徐屬黄河各廳兩岸埽壩工程前因黄

水陡消俱有蟄陷段落當經臣一面繕摺

奏明乘埽底顯露之時擇要預為修做以期料省

工堅一面專委淮徐道師彦公前往各處擇其

緊要必應修做之工確切估定造册詳辦嗣據

道廳等呈報應修殘缺工段照依原估實力鑲

修九月底已儹辦全完徐州護崖碎石亦俱補

填堅整其黄河水勢九月十七日到境以來河

内有長有消至十月中旬又接續加長徐城誌

椿運前長至七尺五寸較上年此時計大一尺
餘寸兩岸埽壩各工一律堅實完整臣往來察
看上下各工溜勢平順暢流歸海外河清口禦
黃壩工先已接築收束黃水順軌安流清水暢
達出口直抵至彭家馬頭迤下會黃東注形勢
甚順回空漕船渡黃南下者已有一千一百四
十餘隻高實一帶運河水勢充裕迅速遄行赴
次受兌並無遲悞所有徐屬黃河埽壩擇要預
修完整并黃運兩河水勢暢順情形謹一併恭
摺奏
聞伏乞
皇上睿鑒謹
奏
覽奏俱悉

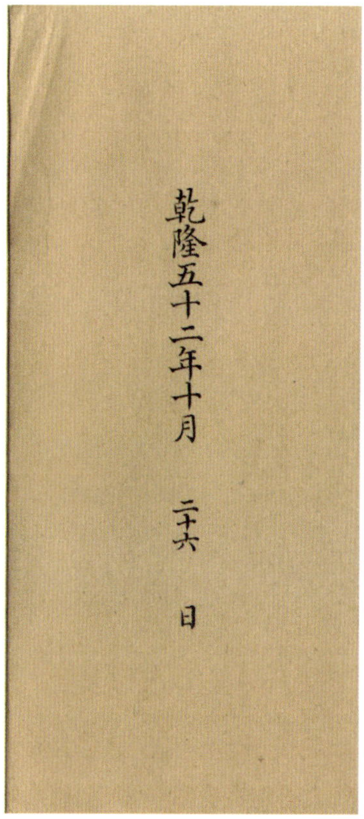

乾隆五十二年十月　二十六　日

五六七

奏

河東河道總督臣蘭第錫跪

奏為

奏明事竊查工部原奏內開豫省黃河南北兩岸
應需辦料銀兩先於乾隆十年題准每年撥發
額征河銀三萬六千餘兩撥補荒缺銀四萬九
千餘兩共銀八萬五千餘兩分給管河河北二
道預備歲料在案嗣後南北兩岸預辦歲料如
出原題八萬五千餘兩之數應令該督等將應
增緣由據實奏明撥給以重
帑項等因具奏奉
旨依議欽此欽遵辦理今年新料登場後例應預購
五十三年歲料前經臣在豫時密委幹員確查

各工舊料按其存剩之多寡察看工程之險易
與該道等酌核辦料數目據管河道陳文緯河
北道唐侍陛詳稱兩岸險工較多應備下年各
料照現在情形及歷年預辦數目確切估計南
岸需發價銀十一萬餘兩北岸需發價銀五萬
餘兩查額征河銀應俟明年陸續征解為夫工
之用現在循例詳撥荒缺銀四萬九千餘兩並
將道庫存貯院司解繳及八束等項先行借發
外尚不敷銀四萬兩呈請奏撥前來臣與撫臣
畢沅藩司江蘭在工會核該道等所詳辦料數
目較歷年有減無浮時已冬令應即發辦當行
藩司撥給管河道銀三萬兩撥給河北道銀一
萬兩臣一面移會撫臣飭令開封府知府照例
遴委地方人員承領價銀乘時購辦各料勒限
交齊分貯要工臣督同該道等親身逐一驗收
以期戊申年各工修防有備無患仍俟汛過查
有存剩留為次年之用所有預備五十三年料
物添撥司庫銀兩緣由理合遵照部文會同河

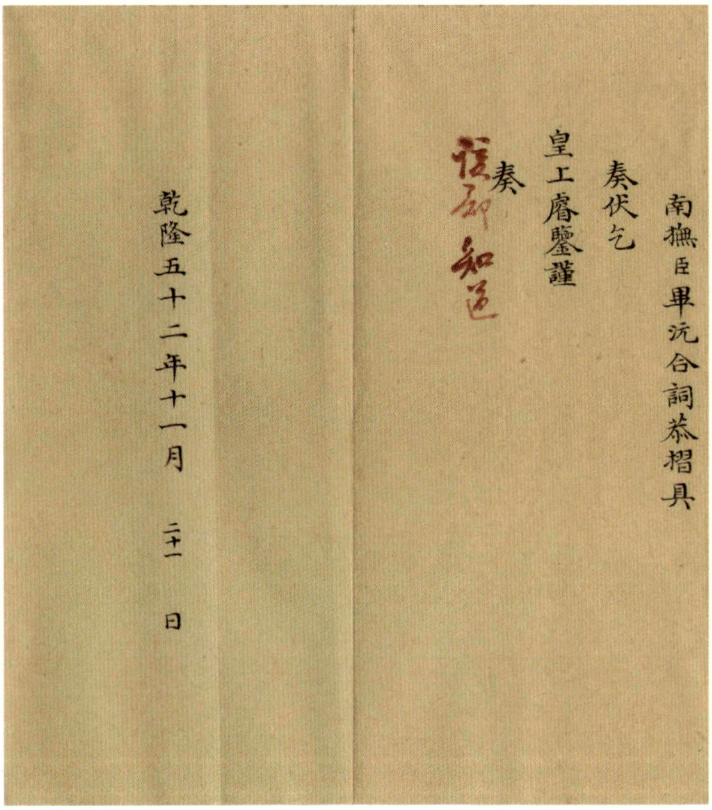

南撫臣畢沅合詞恭摺具
奏伏乞
皇上睿鑒謹
奏
該部知道
乾隆五十二年十一月　二十一　日

五六八

奏

河東河道總督臣蘭第錫跪

奏為循例奏

聞事竊臣案准工部議奏豫省黄河搶修一項嗣後每年大汛後將該年新添險工若干段計若干丈及化險為平若干段若干丈專摺奏明並造具冊圖報部以憑查對工段丈尺核銷等因奉

旨依議欽此欽遵歷年遵辦在案茲五十二年大汛已過行據該道廳等將做過工程與上年所修段落分晰造冊呈送前來臣查乾隆五十一年南北兩岸搶修埽工防風計長八千九百八十九丈五尺又專案創修埽壩等工長三百二十丈零六尺共長九千三百一十丈零一尺內本

年化險為平停止修理者計長二千九百一十
丈零八尺又因黃河盛漲水勢出槽搶修新埽
共長一千八百二十六丈六尺較上年尚為減
少臣於大汛時往來各工目擊情形並隨時委
員查勘皆有確據今復按冊逐細查核並無浮
開牽混除飭該道等造具細冊繪圖貼說另行
送部查對外所有本年搶修段落與上年比較
丈尺數目理合會同撫臣畢沅循例具
奏伏乞
皇上睿鑒謹
奏
知道了
乾隆五十二年十一月　二十一　日

五六九

奏

河東河道總督臣蘭第錫
河南巡撫臣畢沅跪

奏為河廳要缺需員署理恭懇
聖恩俯准陞調事竊查豫省黄河南岸新改睢寧同
知員缺經管睢州寧陵二汛新堤現有睢州二
堡及十三堡兩處大壩工程必須熟諳精勤之
員方足以資料理臣等公同司道悉心揀選查
有署蘭儀同知徐端浙江監生由通判陞署同
知該員勤慎敏練能耐辛苦數年以來修守要
工毫無貽悞以之調署睢寧同知足資治理所
遺蘭儀同知經管新堤險工亦屬緊要查有下
北河同知雷遜陝西監生由縣丞陞任考城縣
知縣陞授下北河同知該員誠實諳練不辭勞

瘁在工多年甚為出力以之調署蘭儀同知辦
理自能妥協所遺下北河同知係北岸要工亦
須幹員經理河工丞倅現無可以陞調之員惟
查有署商邱縣知縣德瑞鑲黄旗内務府人由
舉人歷任知縣四十六年
大計卓異因鹿邑縣任内命案錯擬罪名部議降
調
奏留豫工補授縣丞陞署商邱縣知縣該員品端
才裕留心河務商邱係沿河之缺協防大汛均
能妥協今年委辦雎州漫工亦極勤奮以之陞
署下北河同知堪資料理惟該員引
見准署商邱縣知縣後歷俸未滿五年任内叅罰除
完繳罰俸銀兩咨部銷案并已叅未准部覆各
案外尚有住俸降俸降級留任四案與陞署之
例稍有不符臣等謹遵人地相需之例專摺奏
請合無仰懇
皇上天恩俯念河廳要缺准以德瑞陞署下北河同
知該員自必益加感奮實力報効臣等亦叔指

劈之葢至徐端雷遜二員任内並無處分謹將

德瑞叅罰事件繕具清單恭呈

御覽以上三員均仍照例試看經歷三汛果能勝任

再行保

題實授臣等為河廳要缺需員起見謹合詞恭

摺具

奏伏乞

皇上睿鑒謹

奏

該部議奏

乾隆五十二年十一月二十七日

五七〇

奏

直隸總督臣劉峩跪

奏為欽奉

上諭事本月二十三日承准大學士和珅字寄乾隆

五十二年十二月二十一日奉

上諭向來年班回子伯克入覲俱係十二月二十日
到京二十一日同外藩一體瞻覲本年回子伯克
等至今未到已節次差員迎探據報本日丑刻尚
未行抵良鄉等語此等回子伯克等年例入覲新
經議令地方官派員妥為照料該督豈未聞知其
過保定時計算日期若係遲延該督自當一面查
叅具奏一面令其加緊遄行乃竟未據奏報殊屬
漫不經心著傳諭該督嚴查或因原派照料之官

員沿途行走遲滯抑係直隸派出官員未能照料
妥速夫馬不齊以致遲悮之處著該督據實查叅
毋得稍涉迴護將此諭令知之欽此遵
旨寄信到臣伏查年班回子伯克入
覲本年奉有新例令各省派員照料即經臣派委道
府叅遊等官分班照料因山西永濟縣黄河氷
凍不能過渡改由河南行走該回子伯克係分
作兩起行走頭起於十二月十三日入直隸磁
州境二起十四日入磁州境於二十一二等日
進京臣查直隸首站磁州至京共二十站計程
一千八十餘里回子伯克於十三四等日入境
二十一二等日抵京核計程途里數每日約行
兩三站不等至照料文武各官尚無遲滯沿途
夫馬亦無不齊之處惟是臣因本年新奉定例
派員照料未知該回子伯克應於二十一日同
外藩一體瞻
覲未曾計算時日加緊催儹令其尅期抵京致悮瞻
覲之期實由臣未諳

典禮先行飭知之故似未便諉過屬員合無仰懇

天恩將臣交部議處臣嗣後惟有事事留心以期仰

副

聖主委任之至意所有查明各站車馬及照料文武

各官尚無遲延緣由理合恭摺覆

奏伏祈

皇上睿鑒謹

奏

此過不在直隸皆予寬

乾隆五十二年十二月　二十四　日

後記

我是從數學史學習中逐步瞭解治黄史的。漢代《許商算術》的作者許商，好天文術數之事的王景、李尋善，他們既是數學家，又以治理黄河而聞名。我國現存最早的河工著作《河防通議》，將中國古典數學天元術運用到治黄工程中，創造了中國古代工程數學的一個高峰。除了數學史之外，内蒙古師範大學科學技術史研究還以少數民族科技史和地方科技史見長。李迪先生曾指出地方科技史研究的重要内容是人與自然環境變遷、科技遺迹與自然環境以及環境與生産的關係，此類研究具有明顯的現實意義和重要價值。想要通過大科學史研究，弄清變遷的原因和未來的發展趨勢，産出對于地方各方面的開發有更大、更直接價值的成果，這類研究大多離不開文獻。之後，李迪先生更是直接指出科技史研究不僅是對過去的科技工作和科技成果的回顧與總結，而且要着眼于現代，讓古人的發明創造爲今人服務，繼續在現代發揮其應有的作用。我將先生大科學史的治學理念視爲座右銘，在科研工作中更加注重讓科研成果服務于國家戰略與區域發展需求。

二〇一九年九月，習近平總書記在黄河流域生態保護和高質量發展座談會上指出，黄河流域在我國經濟社會發展和生態安全方面具有十分重要的地位。黄河流域生態保護和高質量發展是重大國家戰略。同年十月，黨的十九届四中全會提出『加强邊疆治理，推進興邊富民』，首次把邊疆治理寫入黨的文件。内蒙古師範大學組織科研力量，積極申報研究闡釋黨的十九届四中全會精神的國家社科基金重大項目，其中『中國特色社會主義民族區域自治制度自信研究』項目獲批。我承擔其中的『鑄牢中華民族共同體意識下的民族自治地方文化自信研究』子課題，而黄河是首選文化要素。二〇二四年，該項目順利結項，我也對黄河文化所藴含的時代價值有了更深的體會。

有鑒于此，我帶領文化遺産智能應用服務中華民族共同體建設『英才興蒙』團隊，以黄河爲主題，開展了文獻、文物、傳統工藝等多模態資源庫建設和跨模態應用示範工作。這次與内蒙古人民出版社合作出版的《黄河國家治理文獻集成》，旨在梳理和總結文獻中所藴含的歷史經驗和文化信息，爲當代及未來的黄河治理和地方文旅産業發展提供參考與借鑒。

感謝内蒙古民族文化産業研究院、巴彦淖爾市圖書館等单位的傾力相助，感謝内蒙古自治區黨委宣傳部、内蒙古出版集團、内蒙古人民出版社對本項目的支持與幫助。

在此，也向致力于黄河治理和大河安瀾的歷代先賢與當代典範表達崇高的敬意：你們的不懈努力與無私奉獻，爲黄河的安寧與人民的福祉築起了堅實的防綫；你們的智慧與勇氣，將永遠銘刻在中華民族的歷史豐碑上，激勵後人不斷前行。

董杰

二〇二五年一月